鱼道全景

鱼道坝下全景段

鱼道科研攻关团队

哥伦比亚河考察学习

鱼道考察留影

游泳能力测试

鱼道模型试验

鱼道可通过性试验

鱼道专项审查会

藏木水电站效果图

坝下游鱼道段

鱼道岸坡段

鱼类监测设备

坝下鱼道放流平台段

支墩基础段鱼道

库区鱼道出口段

岩壁梁基础段鱼道

鱼道观测室段栏鱼格栅安装

鱼道盘旋段

鱼跃龙门

鱼道结构及集鱼方法

鱼道

竖缝式鱼道结构

竖缝式鱼道结构

鱼道结构

竖缝式鱼道

鱼道进口分段式补水系统

生态鱼道

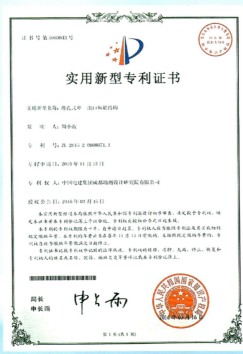

竖缝式鱼道结构

潜孔式单一出口鱼道结构

鱼道沿程补水诱鱼系统

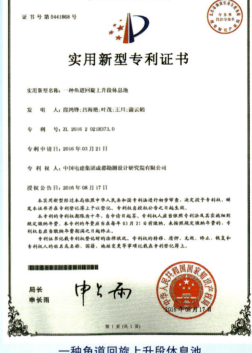

一种鱼道回旋上升段休息池

带休息池的竖缝式鱼道

高海拔高寒地区
大落差鱼道设计关键技术

● 中国电建集团成都勘测设计研究院有限公司　组编

张连明　陈静　郎建　主编

中国电力出版社
CHINA ELECTRIC POWER PRESS

内 容 提 要

　　本书依托藏木水电站鱼道工程，汇总了国内外过鱼设施研究现状，分别从过鱼对象及其基本参数、总体布置、结构设计、诱鱼系统、金属结构及观测设施、物理模型试验及数值试验、可通过性试验、过鱼效果监测与评估等方面对鱼道设计内容进行详细论述；同时根据近五年鱼道运行成果，提出了鱼道运行管理要点、科学研究内容及后期设计优化方向。

　　本书可供从事水利水电工程鱼道设计与科学研究的工程技术人员参考，尤其是对在高海拔高寒地区建设的水利水电工程鱼道设计具有较好的借鉴意义。

图书在版编目（CIP）数据

　　高海拔高寒地区大落差鱼道设计关键技术 / 张连明，陈静，郎建主编；中国电建集团成都勘测设计研究院有限公司组编. —北京：中国电力出版社，2021.10
　　ISBN 978-7-5198-5873-5

　　Ⅰ . ①高… 　Ⅱ . ①张…②陈…③郎…④中… 　Ⅲ . ①高原–寒冷地区–鱼道–设计–研究 　Ⅳ . ①S956.3

　　中国版本图书馆 CIP 数据核字（2021）第 155747 号

出版发行：中国电力出版社
地　　址：北京市东城区北京站西街 19 号（邮政编码 100005）
网　　址：http://www.cepp.sgcc.com.cn
责任编辑：王晓蕾（010-63412610）
责任校对：黄　蓓　郝军燕
装帧设计：张俊霞
责任印制：杨晓东

印　　刷：北京雁林吉兆印刷有限公司
版　　次：2021 年 10 月第一版
印　　次：2021 年 10 月北京第一次印刷
开　　本：787 毫米×1092 毫米　16 开本
印　　张：13.5　插　页　6
字　　数：350 千字
定　　价：68.00 元

《高海拔高寒地区大落差鱼道设计关键技术》
编　委　会

前言

　　西藏自治区位于世界上海拔最高、形成年代最晚的青藏高原，拥有河流多条，众多河流水量充沛、落差大，水能资源十分丰富，理论蕴藏量、技术可开发量居全国首位，是我国水电开发的下一个重点区域。目前，西藏自治区一大批大中型水利水电工程正陆续开发建设。而西藏地区生态环境脆弱，大型水利水电工程的开发建设必然对当地的生态环境，特别是青藏高原特有鱼类的生存繁衍带来较大的影响。为了适应我国日益严苛的环保政策，尽量减缓水利水电开发建设对生态环境带来的影响，过鱼设施已成为水利水电建设不可或缺的一部分。

　　在西藏地区修建鱼道工程，不可避免地要面临高海拔、高寒、工程水头大落差、过鱼对象不明确等难题。此外，我国在鱼道方面的设计与研究尚处于起步阶段，基础研究薄弱，关键技术积累不足；国外也无类似工程经验借鉴。毫不夸张地说，如何在西藏地区进行鱼道设计是一项世界性难题。依托西藏自治区已建设的第一座大型水电站——藏木水电站，中国电建成都勘测设计研究院有限公司（以下简称"成都院"）联合国内外相关科研单位经过不懈地科技攻关，于 2015 年 6 月建成了目前国内规模最大（长 3683m）、爬升高度最高（67m）的鱼道工程，且投入运行至今过鱼效果良好。藏木水电站鱼道设施的成功建设，标志着我国掌握了高海拔高寒地区大落差鱼道设计的关键技术，填补了水利水电工程界在相关鱼道技术领域的空白，为国内外类似水利水电工程的过鱼设施建设提供了重要参考。

　　本书在充分提炼和总结藏木鱼道全生命周期设计和建设经验的基础上，尽可能详细讲述了藏木鱼道设计关键技术的研究过程及运行后的实践经验，主要包括过鱼对象研究，池室、进出口等鱼道主要结构设计研究，诱鱼系统研究，金属结构、观测设施及附属设施的设计研究，物理模型试验和数值模型试验研究，运行期过鱼效果研究及运行管理研究等。藏木鱼道作为目前世界上建成的第一座高海拔高寒地区大落差鱼道工程，其设计、建设过程中采取了多种新技术、新方法、新材料，以解决高海拔、高寒、大落差等水利水电工程建设中独有的技术难题。

　　本书第 1 章由张连明、陈静、江波、刘猛编写；第 2 章、第 8 章、第 9 章由陈静、刘猛编写；第 3 章由陈静、杨斌、吕海艳编写；第 4 章由张连明、杨斌、刘跃编写；第 5 章由张连明、杨斌、张清琼、陈静、兰岗编写；第 6 章由刘永胜、吴佰杰编写；第 7 章由吕海艳、叶茂编写；第 10 章由陈静、郎建编写；第 11 章、第 12 章由张连明、陈静、郎建编写。其他人员参加了相关研究工作。

成都院作为藏木鱼道工程的勘测设计单位，在鱼道设计经验不足、设计时间紧、基础资料缺乏的条件下，自 2009 年启动鱼道工程与勘测设计工作，先后多次组织专家及设计人员进行现场踏勘、收集资料、国内外考察调研，并在国内外多个咨询机构和科研单位的协助下，顺利完成了藏木鱼道的勘测设计工作。在此向所有参与藏木鱼道工程勘测设计工作的人们致以崇高的敬意。

本书的撰写得到了成都院院领导、技术管理部门、生态环保分公司、勘测设计分公司、数字工程分公司、投资与资产运营分公司，以及加拿大高达公司、美国 HDR 公司、生态环境部等相关单位的大力支持，在此表示衷心的感谢！

鉴于作者水平及时间有限，书中难免存在不足或错误之处，恳请读者批评指正！

作　者

2021 年 6 月

概　　述

1.1　水电开发对鱼类的影响

水电站的建设使鱼类生境趋于片段化，鱼类的上下迁移受到阻隔（特别是上溯）。由于大坝的阻隔，完整的河流环境被分割成不同的片段，鱼类生境的片段化和破碎化导致形成大小不同的异质种群，种群间基因不能交流，使各个种群将受到不同程度的影响。有研究表明，水电开发筑坝是使鱼类种群多样性丧失，鱼类资源遭受衰退甚至灭绝的重要原因。因此，开展鱼类洄游通道的恢复工作，是保护和恢复河流生态系统生物多样性，维护河流生态系统正常结构和功能，缓解人类活动对河流生态系统胁迫的重要措施。

1.2　鱼道设计与应用综述

1.2.1　国外过鱼通道研究进展

世界各国兴建水利设施的过程中，都会遇到大坝阻断鱼类洄游通道，影响鱼类资源的问题。为解决这一问题，一般在坝上修建过鱼建筑物，如仿自然通道、鱼道、鱼闸和升鱼机等，其中仿自然通道和鱼道应用最广泛。一些国家以颁布法律的形式，要求修建拦河大坝时必须修建相应的鱼梯、鱼道等过鱼设施，以保证洄游性鱼类的迁移活动不被完全阻断。各国鱼道建设情况简述如下：

1. 北美洲

美国约有 76 000 座大坝，其中约有 2350 座用于水力发电，只有 1825 座是由 FERC（Federal Energy Regulatory Commission，联邦能源管理委员会）批准许可的非联邦工程。在 FECR 许可的水电工程中，使用了上行鱼道设施和下行通道技术的水电站分别占 9.5% 和 13%。从 60 年前在哥伦比亚河上建立第一座邦纳维尔坝以来，鱼道设施变得越来越先进，特别是美国西太平洋地区的鱼道设计和建造理念非常具有参考意义。美国哥伦比亚斯内克河于 1932~1973 年先后兴建了 15 道电站，建造了 24 座鱼梯，每座大坝有 1~3 座过鱼设施。在美国对于包括鲑科鱼、鲱科鱼以及条纹文石鲈等溯河产卵鱼类，上行通道技术发展得很好。但是对于北大鳞褶唇鳡、胭脂鱼、白鲑、鲤科鱼、雅罗鱼、刺盖太阳鱼、鲢鱼和南乳鱼等河川洄游鱼类，当地也没有成熟的上行鱼道设计经验。在加拿大，鱼道一般为人为设计建造，但有些时候自然河床也作为鱼道的一部分，在开展了近 30 多年的鱼道设计研究工作中，主要保护对象是鲑鱼。

2. 欧洲

欧洲修建鱼道的历史约有 300 多年，有文献显示英格兰和威尔士大约有 380 座鱼道，其中有 100 座以上是在 1989 年以后才建立的。曾经有一段时间，当地只为大西洋鲑建立鱼道，只是逐步才意识到河川洄游鱼类和其他鲱科溯河产卵鱼类如美国西鲱和鳗鲡也需要鱼道。在英格兰和威尔士最常用的是池型鱼道，近来丹尼尔式鱼道也发展起来。在苏格兰，20 世纪 50 年代浸没孔型鱼道、池型鱼道和堤型鱼道应用比较广泛。在法国，1984 年政府颁布的法律规定在洄游鱼类的河道内，自由通道必须确保鱼类能够通过所有的屏障物，此法律涉及的洄游鱼类有大西洋鲑、海七鳃鳗、西鲱和鳗鲡，法律保护的河川洄游鱼类有虹鳟、白斑狗鱼和茴鱼。

3. 亚洲

日本 1888 年就有过鱼设施，1938 年已有 67 座拦河大坝建有过鱼设施，1947 年已建成的 5136 座拦河大坝中建有过鱼设施 559 座；1951 年日本正式立法，明文规定拦河坝要有过鱼设施。这些鱼道主要服务于溯河产卵鱼类鲑、日本鳗鲡、鲅和香鱼。1994 年，日本在长良川河口修建了挡水堰，并设置了诱鱼水流式鱼道、锁式鱼道（船闸式）、溪流式鱼道等 5 座不同形式的鱼道。截至 20 世纪末，日本建成鱼道超过 1400 座，其中不乏水头较高的鱼道。日本有 95% 以上的鱼道是传统的池型鱼道和堤型鱼道，其他的鱼道则是垂直狭缝和丹尼尔式鱼道。香鱼是一种经济价值较高的不定向洄游鱼类，其幼体长 50~60mm，最初为香鱼设计的鱼道大多数无效，主要因其模仿了欧洲的鱼道设计，而欧洲的鱼道设计只适用于大型鱼类。1990 年与 1995 年在岐阜举行了两次有关鱼道的讨论会，此后，日本为改善当地鱼道设计付出了巨大努力。

4. 非洲

非洲境内已知的土著淡水鱼类有 2000 种以上。西鲱种群出现在北非摩洛哥河中，但早期修建的鱼道和近年建造的鱼道似乎不适合这种鱼类。在南非淡水鱼类生物多样性非常低，在沿海岸河流中有 6 种溯河产卵鱼类即鲻、淡水鲻和四种鳗鲡鱼类。有关资料显示 1990 年南非国内 7 座鱼道都是以欧洲和北美洲现存的为鲑鱼设计的鱼道为模板，并不能满足当地鱼类的需要。

5. 大洋洲

澳大利亚东南部温带地区大约有 66 种土著淡水鱼类，其中 40% 以上要进行大规模的游动或洄游。据资料显示澳大利亚大约有 20 座鱼道，并且大多数为池型鱼道。但这些鱼道的效率都不理想，原因是维护不够，设计不合理，如陡峭的狭槽、急流和湍流都不适宜当地鱼类。在昆士兰州，1970 年以前建立了 22 座鱼道，其中多数建立在潮汐大坝上。在鱼道协调委员会指导下，昆士兰州展开了一个关于鱼道设计、建设和检测的计划，其原则是坝高超过 6m 的情况下使用鱼闸，其余的大坝则使用垂直狭缝鱼道，且鱼道内水池间的落差保持在 0.08～0.15m。

6. 拉丁美洲

拉丁美洲约有 5000 多种淡水鱼类，其中 1300 种以上的鱼类分布在亚马孙河，大型河道内的鱼类群落主要由河川洄游鱼类脂鲤科和鲇鱼科组成。整个拉丁美洲仅有 46 个鱼道和 7个计划要建或已经在建的鱼道。最初建立的鱼道是池型鱼道和堤型鱼道，在北半球广泛用于保护鲑鱼。另外拉丁美洲过鱼设施建设也充分借鉴了俄罗斯过鱼设施的设计经验，通常在水头20m 以上的大坝上修建鱼闸和升鱼机，有效避免了修建鱼道的距离过长，从而导致部分上溯鱼类体力消耗过大。目前世界上水头最高的鱼道为巴西在 2002 年建成的伊泰普水电站鱼道，该鱼道最大爬升高度 120m，长度 10km，其中自然鱼道 6km，人工修筑鱼道 4km，每年可帮助40 余种鱼洄游产卵。由于缺乏涉及鱼类的基础研究以及设计鱼道所需要的技术标准，拉丁美洲主要依据世界其他地方的经验进行鱼道设计工作，其成功的案例很有限。

国外部分鱼道工程概况见表 1-1。

根据对国外 192 个水利水电工程采用的过鱼方式进行统计分析结果，中低水头工程大多采用鱼道和仿自然通道的过鱼方式，高水头工程大多采用升鱼机和集运鱼系统的过鱼方式，详见表 1-2。

1.2.2　国内过鱼通道研究进展

我国过鱼设施研究始于 1958 年浙江富春江七里垄水电站鱼梯，建设起步晚，但随着我国水利水电工程的迅速发展，生态环境问题日益突出，过鱼设施作为河流连通性恢复的重要措施，也越来越受到重视。近十年来，随着人们环保意识的增强，水利水电工程建设采取必要的措施缓解大坝阻隔影响已成为共识。进入 21 世纪，已有多座过鱼通道相继建成：巢湖闸鱼道于 2000 年改建完成，北京上庄新闸鱼道于 2006 年建成，国内第一座大型鱼道（长洲鱼道）于 2007 年建成，2014 年大渡河枕头坝一级和沙坪二级相继建成了 1 座鱼道和2 座仿自然通道。到目前已建、改建或规划设计了 40 座各类过鱼设施，并在沿江、沿海闸门上开设过鱼窗或过鱼闸门，实施"灌江纳苗"，在一定程度上缓解了水利水电工程对鱼类洄游的阻隔问题；类型也已开始研究仿自然旁通道（安谷水电站）、升鱼机（新疆）、集运鱼系统（彭水水电站）及组合方案等多种类型的过鱼设施。

我国的鱼道研究正处于起步阶段，已建成的鱼道数量较少，鱼类生态习性和游泳能力研究薄弱，鱼道进出口布置、池室流速、尺寸、结构等关键参数设计等关键技术不足，鱼道过鱼效果基本没有相关研究，而高海拔地区的鱼道设计尚处于空白。

国内部分鱼道工程概况见表 1-3。

表1-1　国外部分鱼道工程概况

国家	鱼道地点	河流及建成时间	过鱼对象	底坡	长度/m	池数	流量/(m³/s)	水池尺寸/m 宽	长	深	级差	过鱼尺寸/m 潜孔	表孔	备注
美国	邦纳维尔坝（Bonneville）	哥伦比亚河，1938	鲑、鳟、鲟	1:16 1:16	3×399	75	3×4.5	11（一道） 12（二道）	4.8	1.8	0.3~0.45	有	有	连同诱鱼流量共约226m³/s，年平均过鱼65万尾，坝高18.9m，尾水波幅很大
	麦克纳里坝（McNary）	哥伦比亚河，1953	鲑、鳟、鲟	1:20	2×670		3×5.1	9.0	6.0	1.8	0.3~0.45	0.58×0.53	9.0×0.3	连同诱鱼流量共约283m³/s，1954年过鱼106万尾，坝高48m，提升高度约25m
	冰港坝（Ice Harbor）	蛇河，1965	鲑	1:16 1:20			4 1.87	7.32 4.88	4.88 3.05	1.86 1.83	0.30 0.30	0.53×0.53 0.46×0.46	7.32×0.60 1.52×0.62	连同诱鱼流量共约72m³/s，坝高68m
	威尔斯顿坝	哥伦比亚河，1969	鲑	1:10	2×225	2×56 2×17	2×1.5	3.6	3.0 4.8	2.1	0.30 0.15~0.30	0.53×0.38 0.76×0.61 （各2个）	总宽 2.1	连同诱鱼流量共约142m³/s，坝高22m
	佩尔顿坝	德苏特斯河，1969		1:16	4800	900~ 1000	1.22	3.05	4.8	1.83	0.30	0.43×0.43	可过0.28m³/s	现阶段世界上最长的鱼道，57.5km
	北汉坝（North Fork）	克拉克马斯河，20世纪50年代		1:16	2700		1.22	3.05	4.9 10.8	1.83	0.30 0.15	0.43×0.43	可过0.28m³/s	现阶段世界上总提升高度最大的鱼道（60m）
加拿大	鬼门峡（Hells Gute）	弗雷塞河，1946	鲑	1:18	48.5			6.0 2.7	5.4 3.0	1.8				导竖式隔板，缝宽0.75m、0.3m，上下游水位幅度大
	托比克坝	托比克坝	鲑	1:10	240	73/4		1.8	3.0		0.30			

续表

国家	鱼道地点	河流及建成时间	过鱼对象	底坡	长度/m	池数	流量/(m³/s)	水池尺寸/m 宽	长	深	级差	过鱼尺寸/m 潜孔	表孔	备注
苏联	土洛马电站	土洛马河，1936		1:25	513	11\35\8\9	1.1	3.0/3.0/4.5/4.5	6.0/5.0/8.0/6.0	0.9/0.9/1.5/2.3	0.3/0.3/0.3/0.6	0.6×0.8	0.6×0.8	1961年过鱼5600尾，日过鱼最多440尾，提升高度16～20m
	凯古姆斯电站	德国维纳河，1941		1:16	240	72/9/1	0.9	3.0/3.5/6.3	3.0/3.0/6.0	2.0/2.0/2.8	0.2	0.5×0.7 0.3×0.4 0.7×0.7	1.0×0.1	1958年过鱼1.3万尾，补水流量4m³/s，提升高度16m
英国	汤格兰德坝	提兹河，1935		1:7.5	170	32/4	0.53	3.6	4.5	1.8	0.6			20世纪60年代修建了溢流表孔，过鱼较好
	皮特罗基里坝（Pitlochry）	通迈耳河，1954	鲑、鳟	1:17.3		21/13	1.36	4.2	7.8	2.1	0.45	直径0.82		年过鱼约4000尾
日本	河口堰	利根川，1971	鲑、鳟、鳗		135	14	1.37	7.5	5.0	1.3	0.10			两岸各设一条鱼道，同侧溢流表孔深25cm
	北上大堰	饭野川，1976			60.5	16		3.0						两岸各设一条鱼道，总水位差2.5m

表 1-2　　　　　　　不同水头差水利水电工程过鱼方式统计表

工程水头差/m	过鱼方式					
	鱼道/%	仿自然通道/%	升鱼机/%	鱼闸/%	集运鱼系统/%	复合型/%
<15	40	51	1	8	0	0
15~30	68	4	11	17	0	0
30~50	32	0	23	16	26	3
>50	16	0	48	0	32	4

表 1-3　　　　　　　　　　国内部分鱼道工程概况

主体工程名称	地点	主要过鱼对象	鱼道形式	长度/m	宽度/m	水深/m	底坡	设计水位差/m	设计流速/(m³/s)	隔板块数	隔板间距/m	备注
斗龙港	江苏大丰	鳗、蟹、鲻、梭、鲈	双竖缝式	50	2	1	1:33.2	1.5	0.8~1.0	36	1.17	钢筋混凝土槽式、有补水管,1966年建
太平闸	大丰邳江	鳗、蟹、四大家鱼、刀鱼	缺口、堰、竖孔	297/127/117	3/2/4	2/2/2	1:115/1:86/1:115	3.0	0.5~0.8局部0.3	117	4.5/2.5/4.5	两个进口,一个出口,梯-矩形综合断面,有分流交汇地、岛形观测室,近年水位差达4.5m,1973年建
浏河	江苏太仓	鳗、蟹、四大家鱼、刀鱼	缺口、堰、竖孔	90	2	1.5	1:90	1.2	0.8	35	2.5	进口在小电站旁,电站尾水平台有集鱼系统,1975年建
裕溪河	安徽和县	鳗、蟹、四大家鱼、刀鱼	双竖缝式	256	2/1	2/2	1:64	4.0	0.5~1.0	97/197	2.4/1.2	进口在深孔闸旁,有补水孔及纳苗门,大小鱼道并列,1972年建
团结河	江苏南通	鲻、梭、鲈	平板长方孔	51.3	1	2.5	1:50	1.0	0.8	65	1.5	进口在闸门旁,闸墩上有侧向进鱼孔,1971年建
洋塘	湖南衡东	银鲻、草、鲤、鳊	堰孔组合	317	1	2.5	1:67	4.5	0.8~1.2	100	3.0	主进口在泵站下游,有3个辅助进口,泵站及电站尾水平台上有集鱼、补水系统,有汇合地、上游补水渠,1979年建
石虎塘	江西赣江	鲥鱼、鳡鱼、青鱼等41种	竖缝-堰孔组合	683	3	2	1:60	9.34	0.4~0.8	190	3.6	进口位于电站尾水管上方,设有观察室,2007年建
上庄	北京上庄	细鳞鱼、鳗鲡、麦穗鱼等	竖缝式	160	2	1.2	1:60	4.88	0.87	62	2.5	进口位于水闸右岸,上、下游各设一道闸门。2005年建
巢湖闸	安徽巢湖	鳗、蟹、四大家鱼、刀鱼	竖缝+潜孔	137	2	3.0	1:130	1.0	0.5~0.6	56	2.4	2001年改建。上、下游各设一道闸门,共设置6道休息池

主体工程名称	地点	主要过鱼对象	鱼道形式	长度/m	宽度/m	水深/m	底坡	设计水位差/m	设计流速/（m³/s）	隔板块数	隔板间距/m	备注
老龙口	吉林珲春	大马哈鱼、七鳃鳗、滩头鱼等	竖缝式	281.6	2.5	0.6~2.2	1:10	27	2.35（最大）	88	3.2	设计了 5 个出鱼口适用上游水位变化，竖缝宽 0.32m。2008 年建
长洲	珠江	中华鲟、鳡鱼、花鳗鲡	竖缝坡堰底孔	1423	5	3	1:80	15.32	0.6~0.8/1.3	205	6	进口位于发电厂房尾水下游100m，在进口上游的河道设置一电栅
绥芬河	黑龙江东宁	鲤鱼、鲢鱼等淡水鱼，滩头鱼、大马哈鱼等海鱼	竖缝底孔	41.2	1.45~2.2	0.68	1:36	1.5	1.0	16	2.5	进口设有一照明灯和一直径 10cm 的喷水钢管

1.3　鱼类生物学特性及游泳能力研究

对于鱼类游泳特性的研究国外开展得较早，鱼类游泳能力和行为的研究一直是国外的热点。最早由 Regnard 等在 1893 年提出，随后研究者就内外部因素对鱼类游泳能力的影响展开了研究工作。20 世纪 60 年代后，对于鱼类游泳能力的研究逐渐增多，主要研究了鱼类游泳速度、持续游泳速度、环境污染因素等对鱼类游泳能力的影响。

1978 年 Beamish 将鱼类游泳能力表述为三种主要形式：耐久游泳速度、持续游泳速度、爆发游泳速度。提出在肌肉疲劳情况下能够游行时间超过 200min 为耐久游泳速度。持续游泳速度则表示游泳持续时间介于 20s～200min 并且以肌肉疲劳结束的游泳。鱼类能够保持较短时间（20s）高流速的游泳，使用厌氧性的白肌，依赖厌氧能量源，这种流速称为鱼类的爆发游泳速度。在三种流速中，在鱼类迁徙洄游过程中常用到的是持续游泳速度。临界游泳速度（critical swimming speed，critU）也称为最大可持续游泳速度，用于鱼类有氧运动能力的评价，是由 Brett 在 1964 年提出且应用更广泛，优点是测定的时间相对较短，且得到统计上有意义的值所需的鱼数目较少。临界游速还可用于计算环境因素，如流速、温度、盐度、形态学参数、坡降等内外部因素对鱼类游泳能力的影响，从而用于评价栖息地的环境条件改变可能导致的生态结果。石小涛等研究了三种规格的胭脂鱼 [（3.04±0.12）m，（1.25±0.46）g；（4.08±0.23）cm，（2.27±0.18）g；（6.51±0.54）cm，（7.13±1.71）g] 临界游泳速度分别为（11.14±0.89）BL/s、（9.05±0.66）BL/s、（7.45±0.50）BL/s（BL/s 为相对游泳速度的单位）。袁喜等测量了在水温（16±1）℃时，体长 12～20cm 鲫的相对极限流速为（3.85±1.10）BL/s。蔡露等测定了 9.8～12.3cm 的鳙鱼临界游泳速度为（4.57±0.56）BL/s。Fu 等研究了在不同溶解氧条件下金鱼的临界游泳速度情况，在常态下（5.85±0.36）cm 的金鱼幼鱼临界游泳速度为（5.35±0.09）BL/s。鱼类游泳能力研究的深入使各种鱼类运动参数广泛应用在鱼道设计中。

1.4 水工模型试验及数值模拟

随着水电事业的高速发展，现代水电工程必须与生态环境相和谐，鱼道作为一项减缓水电工程建设对水生生物影响的生态补偿工程，其应用前景广泛。近年来，国内开展了一系列的鱼道模型试验，南京水利科学研究院结合长洲水利枢纽鱼道模型试验，提出了鱼道隔板形式、断面形状、槽身底坡及鱼道上游闸门段和观测室段的结构布置，论证了鱼道始水状态的水力特性及槽身充水过程，给出了有关设计、施工及运行观测的指导性建议；董志勇等在大比尺模型中对同侧竖缝式鱼道的水力特性进行了研究，分析了同侧竖缝式鱼道的流速分布形态、无量纲流速分布特征、断面最大流速沿程衰减情况及同一水深不同流量的流速分布，通过放鱼试验考察了鱼类对不同流量的响应情况，提出了同侧竖缝式鱼道的不足及改进措施；戚印鑫等通过宽顶堰计算鱼道的过流量，得出试验反映出鱼道的流量系数与常规堰的流量系数变化规律正好相反；曹庆磊等对异侧竖缝式鱼道的水力特性进行了试验研究，对不同流量和水深的流速场、紊动能及雷诺剪切应力等水力参数进行了初步分析研究，这些水力参数在竖缝出口附近最大，在两侧的回流区比较小。通过这些试验研究，对鱼道的流速、水深、流量系数、紊动能等水力参数进行了测试及分析，为确定鱼道的体型提供了数据支持。

由于鱼道模型试验成本高、周期长，难以得到流场的全域特性，近年来部分学者尝试引入数值模拟作为试验的补充。Barton 和 Keller 计算了鱼道内的流速分布以及自由水面特征；徐体兵等对竖缝式鱼道的水流结构进行了二维数值模拟，研究了鱼道水池长宽比和隔板墩头体型对水池内流态的影响；罗小凤等计算比较了鱼道导板长度及导角大小对池室内流场的影响；曹庆磊等对同侧竖缝式鱼道的水流进行了三维数值模拟，分析了鱼道池室内的流场和雷诺剪切应力等水力要素。叶茂等采用 FLUENT 软件对竖缝式鱼道的三维流场进行模拟，重点研究池室底坡对流场的影响，计算结果与试验数据吻合良好，表明鱼道池室流场的三维数值模拟是可行的。鉴于数值模拟具有成本低、耗时少、无仪器干扰和无比尺效应的优点，在鱼道体型设计前期，可通过数值模拟对多种方案进行比较，为确定鱼道的初步体型提供计算依据；在模型试验阶段，数值模拟也可作为方案比选工具，对模型试验进行验证和补充，缩短试验的研究周期。

1.5 鱼道池室结构研究综述

鱼道可以分为近自然型鱼道和技术型鱼道。近自然型鱼道的坡度尽可能接近于自然形态下的河流或者溪流的自然坡度，同时鱼道的建设取材通常是就地取材。技术型鱼道包括竖缝式鱼道、丹尼尔式鱼道、池式鱼道、鱼闸、鳗鲡梯和升鱼机。国内外学者通过大量的研究，采用水工模型试验、原型试验、数值模拟等方法对鱼道内水流水力特性进行研究，获得了适合鱼类上溯的水流条件，为鱼道的结构优化提供了依据。同时在大量工程实践的基础上，不断地摸索总结，提出近自然型与技术型鱼道的水力参数、适用鱼群及其优缺点，近自然型鱼道参数及特点统计见表 1-4，技术型鱼道参数及特点统计见表 1-5（计算值均是最小值，没有考虑地理因素等）。

表 1-4 和表 1-5 所列为不同形式鱼道所适应的水流及地形条件以及与其相适应的特征鱼类。依据项目所在河段或区域生态环境内的重要生物的基础研究成果、鱼道主要过鱼对象、过鱼对象的生态习性及游泳能力、枢纽区地形地质条件和水工建筑物的枢纽布置格局等因素，同时参照国内外的成功经验，选取合适的鱼道类型。

表 1-4　　　　　　　　　　　　近自然型鱼道参数及特点统计

类型	原理	鱼道水力设计参数	优缺点	适用鱼群
底坡和底微斜坡	底坡和底微斜坡是一种具有粗糙表面且横跨整个河宽的构造。松散填石构造和阶梯式构造居多	斜坡宽度 b 与河宽相等，斜度通常小于 1:15。水深 $h>0.3m$，单位流量 $q>100L/(s \cdot m)$	在低水位时有干涸的危险，因此底床封闭很有必要。维护费用低。入口吸引水流很容易被发现	所有水生动物可上溯和下行，两个方向可自由通过
旁路水道	提供一个绕过坝并呈模仿自然河流外观、呈现自然水道形式的通道	底坡 $i<1:20$；旁路鱼道应延伸至上游回水区；单位流量 $q=100L/(s \cdot m)$	费用很低，但占地面积大。由于在地面上做一个深沟，故需要结合其他技术构造，桥梁和地下通道通常是必需的	它可以使所有的水生动物种类通过，为喜流性种类提供生存空间
鱼坡	鱼坡是一种平缓坡度、粗糙表面且嵌入堰中的构造	斜坡宽度 $b<20m$；水深 $h<0.4m$；底坡 $i=1:20$ 或者是更小；单位流量 $q=100L/(s \cdot m)$	低水位时有干涸的危险，需要底床封闭。维护少，洪水期自净能力强，能很好地吸引水流	它可以使所有的水生生物种类上下游双向通过

表 1-5　　　　　　　　　　　　技术型鱼道参数及特点统计

类型	原理	鱼道水力设计参数	优缺点	适用鱼群
池式鱼道	通常是混凝土通道，具有混凝土或者木质的隔板，潜水孔与顶部凹槽交叉设置	水池尺寸依据河流而定：$lb>1.4m$；斜坡宽度 $b>1.0m$；水深 $h>0.6m$。潜水孔：$b_s>25m$，$h_s>25m$。流量 $Q=80\sim500L/s$	需要精心维护，碎片等易阻塞孔口具有高风险性。许多鱼道运行表明，由于孔口的阻塞很多，池式鱼道不能正常运行发挥作用	适用于游泳能力强的鱼类、底层鱼类和小鱼
竖缝式鱼道	混凝土或者是木板隔板的混凝土通道，且具有一个或者两个高度与隔板和侧墙整个高度相同的狭槽	水池尺寸：$lb>1.9m$；斜坡宽度 $b>1.2m$；水深 $h>0.5m$。狭缝宽 $s>0.17m$。流量 $Q=140L/s$	适用于上游水位多变的河道；相较传统的鱼道，不易阻塞。这种类型的鱼道不仅适合于小河道，而且适用于大流域	所有鱼类均适用，特别适合于克流能力弱和弱小的鱼类，无脊椎水生生物也可以通过
丹尼尔式鱼道	木制或混凝土通道。其间安置了一些 U 形隔板（通常为木板），逆着水流方向呈 45° 设置	通道：斜坡宽度 $b=0.6\sim0.9m$；水深 $h>0.5m$；底坡 $i<1:5$；流量 $Q>250L/s$。通道长度 $6\sim8m$，若水头 $>1.5m$，需要设置休息池	优点是坡度陡、需要空间小；对尚未建鱼道的河流比较适合；适应尾水水位的变化。缺点是河流上游水位的变化对鱼道影响非常大；碎片之类的阻塞容易破坏鱼道功能	适合于鲑鱼、鲤科鱼，游泳能力弱的鱼种。对于微生物和无脊椎底栖生物则不可以
鳗鲡梯	鳗鲡梯是带有刷状装置的小通道，设有数层灌木丛或者沙砾，水流从缝隙缓缓淌过	通道：斜坡宽度 $b=0.3\sim0.5m$；水深 $h=0.15\sim0.25m$；通常底坡 $i=1:10\sim1:5$，也可以更大	优点是建设成本低，需要空间小，对流量要求低。缺点是鳗鱼管经常被碎屑缠住，且维护困难	仅仅适用于鳗鱼，建议在江河的入海口修建
鱼闸	是一个凹形通道，上下游两端都有可控制的闸门。通过控制闸门的开关或过往通道注水来形成引流	尺寸大小可变更	优点是所需空间不大；能克服很大的高度差。缺点是需要较高的设计和建造技术，维护与监测也比传统的鱼道要求高	鱼闸适用于鲑鱼，鳟鱼以及游泳能力弱的鱼类，但是对底层鱼类和小型鱼类不适用

续表

类型	原理	鱼道水力设计参数	优缺点	适用鱼群
升鱼机	配置有运送水槽和机械装置的升降机。通过把鱼从下游吊起送到上游，通过渠道连通上游。通过旁路注水创造吸水流	尺寸可以变化	优点如同鱼闸，需要空间小，能克服较大的高度差。缺点是运行费用高	适合于体型大、游泳能力弱的鱼类

1.6 鱼道过鱼效果研究综述

传统的鱼道内鱼类监测已有较多的研究成果。在国外，美国进行了哥伦比亚流域所有大坝过鱼设施逐日大马哈鱼过鱼效果监测，建立了长时间序列监测数据库；奥地利、捷克、丹麦等均对其境内的鱼类洄游通道恢复效果进行了大量的监测评估工作；有学者总结了1960～2011 年有关鱼道的报道，估算鲑科鱼类及非鲑科鱼类的过鱼效率分别为 61.7%及21.1%。在国内，20 世纪70～80 年代，安徽裕溪闸鱼道和湖南洋塘鱼道监测到过鱼数量分别达每小时 75 尾及 385 尾。近年来，随着鱼道工程建成数量的逐渐增长，相关研究有所增加。如谭细畅等在 2011 年和 2012 年 4～6 月对试运行阶段的长洲水利枢纽鱼道进行了监测采样，共计采集到鱼类 30 种；李捷等采用张网法和截堵法，在 2012 年 3～8 月共 6 次对连江西牛鱼道的过鱼效果进行监测，共监测到鱼类 3 目、8 科、30 属、38 种。

对已建鱼道中鱼类的观测可以掌握鱼道运行状况，了解鱼类在鱼道中的行为，对鱼道设计和运行优化具有较大意义。以往研究基本都是通过传统观测手段对鱼道中的鱼类进行观测统计。随着技术的发展，各种新兴技术，如声学探测、视频识别以及遥测标签（PIT、声学标签）等开始应用于鱼类究中。澳大利亚墨里达令河管理委员会对其流域内的鱼类洄游通道恢复计划开展了大规模的监测评估工作，并研发了一批监测评估技术和遥感监测设备；Steig 通过使用声学标记来监测哥伦比亚河上的一座水坝的大马哈鱼的洄游情况，通过监测了解到了鱼类的 3D 游动路径及行为；危起伟等利用超声波遥测定位系统，在长江宜昌江段对中华鲟进行遥测试验，标记了 15 尾即将参加自然繁殖的中华鲟，对其进行追踪，记录了各尾鲟在产卵前、产卵和产后的行踪。

鱼道的过鱼效果是评价鱼道功能的重要指标，同时也是改进鱼道设计和运行方式、提高过鱼效率的基础。而我国对于鱼道的过鱼效果尚无评估规范及标准，鱼道监测及评价工作滞后。

工 程 综 述

2.1 工 作 背 景

随着我国水电事业的进一步发展，水资源丰富的西藏自治区已成为我国水电开发的下一个目标，一大批大型水电工程正陆续上马。而西藏自治区生态环境脆弱，大型水电工程的开发建设必然对当地的生态环境、特别是珍稀鱼类的生存带来较大影响。当前，针对水电开发与环境保护形成了"生态优先、统筹考虑、适度开发、确保底线"的原则与共识，因此，需要正确处理水电开发与生态保护的关系，坚持将生态优先原则贯穿至水电规划开发的全过程，维护好河流的生态系统健康。

在我国日益严苛的环保政策下，为了尽量减少水电开发建设对生态环境带来的影响，大型水电工程必须修建鱼道设施才能开工建设的局面已不可避免。鱼道作为缓解水电工程对鱼类和河流连通性影响的常用措施，对促进坝址上下游鱼类遗传信息交流、维护自然鱼类基因库、保证鱼类种质资源、维持鱼类种群、充分发挥河流生态廊道的功能有着重要作用。但是，目前国内外针对高原高海拔地区鱼类基础研究薄弱，高坝大落差鱼道设计方法不完善，严重制约了我国西藏自治区大型水电工程的开发建设。

目前，我国的鱼道研究正处于起步阶段，已建成的鱼道数量较少，鱼类生态习性和游泳能力研究薄弱，鱼道进出口布置、池室流速、尺寸、结构等关键设计技术不足，鱼道过鱼效果的相关研究缺乏。而高海拔地区大落差的鱼道设计，不论是国内还是国外，均处于空白状态。因此，有必要开展高原、高寒、大落差鱼道设计关键技术研究工作。

雅鲁藏布江中上游鱼类属典型的高原鱼类区系，没有长距离洄游性鱼类，多数鱼类在中上游干支流分布较为广泛，不同江段均可采集到性成熟的个体，表明多数鱼类在不同江段，甚至大小支流均存在产卵场，且绝大多数为产黏沉性卵的鱼类，完成生活史不像产漂流性卵鱼类要求的范围那样大。所以这些鱼类均可在坝上、坝下江段维持较大种群，不会导致物种灭绝，其阻隔影响主要表现在种群间的基因交流。但当生境因破碎化而萎缩时，其生物承载量减小，残留种群减小，稳定性降低，易受偶发环境因素的影响而剧烈变动，甚至可能造成鱼类种群从局部河段消失。藏木水电站河段的鱼类组成、分布及生态习性等在环评阶段已有相关研究，但较为薄弱，不足以支撑鱼道设计的完成，相关鱼类生物学研究亟须开展。

本研究依托藏木水电站鱼道工程开展关键技术研究与实践，旨在解决高海拔地区高坝鱼道设计中的鱼类生态习性、游泳能力测试、进出口布置、池室关键参数、水工设计及模型等一系列关键问题，为鱼道的勘测设计提供技术支撑，在实践基础上形成一整套高坝大落差鱼道设计的关键技术体系。本高海拔高寒地区大落差鱼道设计关键技术不仅有助于提高高海拔高寒地区大落差鱼道设计方案的技术合理性，对国内外、特别是藏区同类型鱼道工程具有借鉴意义。同时，如此高海拔、高水头、大落差的鱼道成功设计案例尚属首次，研究成果将对国内外高海拔高寒地区大落差鱼道过鱼技术的发展具有重要的推动作用。

2.2　工　程　概　况

藏木鱼道工程是国内目前已建规模最大的鱼道，最大爬升高度67m，全长3683m。该工程于2012年8月开工建设，2015年6月正式投入试运行，运行期间鱼道过鱼效果较好。

鱼道主要过鱼季节为3～6月，主要过鱼对象为异齿裂腹鱼、巨须裂腹鱼、拉萨裂腹鱼。鱼道布置于河床右岸，主要由进口、尾水渠段、暗涵段、岸坡段、过坝段、出口明渠段、出口和鱼道观测研究室等部分组成。鱼道池室形式选用垂直竖缝式，竖缝流速为1.1m/s，池室长度3m，池室宽度2.4m，竖缝宽度0.3m，运行水深1～2.7m，池室深度3.5m，鱼道坡度0.006 4～0.021。鱼道共设置3个进口。其中1号进口结合尾水导墙布置，3号、4号进口布置在尾水出口两端。鱼道1号进口共设3个进鱼口，鱼道试运行期根据各进鱼口的进鱼效果研究成果确定开启的进鱼口。为使得鱼道进口的水流满足诱鱼流速的要求，鱼道设置了补水系统。补水水源取自上游水库，可根据尾水位的变化对相应开启的鱼道进口进行补水。鱼道共布置了4个出口，底板高程与库区水位变幅相适应，过鱼时段，4个出口闸门只能有一个闸门开启，其余3个闸门关闭。鱼道1～3号出口与鱼道轴线夹角为60°，指向上游，4号出口与鱼道轴线顺接。鱼道平面布置图详见图2-1。

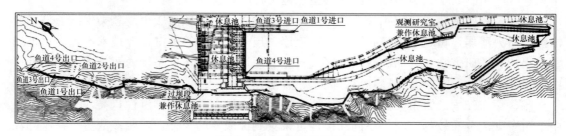

图 2-1　鱼道平面布置图

2017年3～10月现场监测到的过鱼对象有拉萨裂腹鱼、巨须裂腹鱼、异齿裂腹鱼、拉萨裸裂尻，与设计过鱼对象相符。通过对鱼道坝下段观察室观测到的鱼类数量进行分析，共观测上行个体共计 18 094 尾次，过鱼效果较为理想。

2.3 工程区域环境状况

2.3.1 自然环境

1. 工程地质条件及评价

（1）鱼道基本地质条件。

藏木水电站鱼道布置于河床右岸，采用竖缝式，全长为 3621.338m。鱼道建筑物主要由进口、尾水渠段、暗涵段、岸坡段、过坝段、出口明渠段、出口和鱼道观测研究室等组成。鱼道布置了 1 号、3 号和 4 号三个进口：1 号进口位于尾水渠左侧的导墙末端，进口底板顶高程为 3241.00m；3 号、4 号进口分别位于尾水渠左、右两侧的导墙始端，进口底板顶高程分别为 3243.00m、3245.60m。鱼道尾水渠段与尾水渠底板及尾水左、右导墙结合布置。鱼道暗涵段与厂房防洪墙结合布置，并设置通气孔。鱼道岸坡段利用尾水渠下游护岸、混凝土拌和系统台地、白沟坡地进行布置，逐步爬升。大坝右岸下游边坡陡峭，难以布置鱼道，该处鱼道采用岩壁梁作为基础。鱼道在 19 号坝段处穿越大坝，该部分鱼道采用平坡，可兼起休息池作用。出口明渠段利用大坝上游右岸边坡进行布置，逐步爬升。鱼道设置四个出口，高程分别为 3304.00m、3305.00m、3306.00m 和 3307.50m。

鱼道工程区出露的基岩为燕山晚期～喜山期花岗岩，分布于岸坡；第四系松散堆积物主要有崩坡积物（col＋dlQ$_4$）、洪积物（plQ$_4$）、冲积物（alQ$_4$）及人工堆积物（rQ$_4$），分别分布于边坡、冲沟沟口及河滩。

岸坡表部岩体主要为弱风化强卸荷，为Ⅳ级，下伏岩体弱风化、弱卸荷，岩体为Ⅲ$_1$级、Ⅲ$_2$级。

第四系松散堆积物主要为崩坡积块碎石土、洪积孤块碎石土层、冲积砂卵砾石及人工堆积物。

（2）鱼道工程地质条件评价。

根据不同的地质条件及存在的主要地质问题并参照鱼道布置形式，将鱼道工程区划分成五段：

第一段：鱼道出口—挡水坝段。该段长 500 余米，从 6 号路内侧边坡穿过 6 号路向下游延伸，地形较完整，自然边坡 40°～60°，基岩大多裸露，岩性以花岗岩为主，局部分布崩坡堆积、人工堆积。

该段原始地形受 6 号路施工开挖影响局部低于鱼道基础设计高程，鱼道基础主要为弱风化、弱卸荷Ⅲ$_1$级、Ⅲ$_2$级花岗岩岩体，部分为Ⅳ级岩体。其中 3～4 号出口段间基础多为人工堆积之覆盖层。Ⅲ$_1$级岩体以次块状结构为主，完整性较好，波速 V_p＝4300～5100m/s，允许承载力［R］＝3.0～4.0MPa，变形模量 E_0＝7～10GPa，岩体强度较高，均一性较好；Ⅲ$_2$级岩体以镶嵌状结构为主，波速 V_p＝3800～4300m/s，允许承载力［R］＝2.0～3.0MPa，变形模量 E_0＝5～7GPa；Ⅳ级岩体以碎裂状为主，波速 V_p＝2500～3800m/s，允许

承载力 $[R]=1.0\sim1.5$ MPa，变形模量 $E_0=2\sim4$ GPa。均可满足鱼道基础承载和变形要求。

崩坡积块碎石土允许承载力 $[R]=0.3\sim0.35$ MPa，变形模量 $E_0=20\sim30$ MPa，基本满足鱼道基础承载要求；人工堆积填土结构不均匀，可能存在局部架空及细颗粒集中等情况，应视具体情况采取相应工程处理措施。

鱼道内侧边坡为 6 号公路外侧边坡，主要发育裂隙：① N40°～60° E/NW∠40°～55°；② N50°～70° W/SW∠65°～85°；③ N0～10° E/NW∠60°～85°；④ 50°～55° W/NE ∠30°～55°或∠40°～55°四组裂隙，该 4 组裂隙不利组合常形成不稳定块体，目前边坡处理已完成，整体稳定性较好，鱼道开挖过程中应严格按设计要求施工，对开挖形成的不稳定块体应及时采取适宜的工程处理措施。

该段近坝处发育一条小断层 f5，断层破碎带宽 0.12m，影响带宽约 5m，为Ⅲ级结构面，带内以碎裂岩、碎斑岩为主，岩体完整性较差，风化较强，应采取适宜的工程处理措施。

3～4 号出口段间基础多为人工堆积之覆盖层，不满足设计承载力要求，建议采取碾压、扩大基础处理等有效措施。此外，为保证人工回填土层在水下的整体稳定，在现有人工回填土上建议进行回填土石压坡、压脚等处理措施。

其中局部受地形限制可能不满足鱼道基础高程设计要求，需采取回填等工程处理措施。

第二段：过坝段。该段与 19 号坝段结合布置，在 19 号坝段内设置鱼道，全长 22.5m，底板高程 3302.00m，底坡 $i=0$，内设置一道事故检修闸门。

该段鱼道基础为坝体混凝土，满足鱼道抗滑、抗浮及抗倾覆要求。

第三段：挡水坝段下游基岩段。该段长约 500 余米，原始地形较完整，基岩裸露，岩性为花岗岩，整体风化卸荷较强。受 2 号路及尾水渠边坡开挖影响现地形较原地形发生了较大变化。

该段边坡基岩裂隙较发育，主要发育：① N60°～70° W/SW∠75°～85°；② 近 EW/N ∠40°～60°；③ N40°～45° W/NE∠35°～45°；④ 近 S N/E∠40°～60° N5°～15° E/NW ∠55°～70°，其不利组合常形成楔形体破坏模式。

该段边坡目前已开挖支护完成，整体稳定性较好。

该段鱼道基础主要为弱风化、弱卸荷Ⅲ₁、Ⅲ₂级岩体及弱风化、强卸荷Ⅳ级岩体。Ⅲ₁级岩体各项物理性质与第一段相同，均可满足鱼道基础承载和变形要求。

鱼道开挖施工可能形成小规模的不稳定块体，应及时采取适宜的工程处理措施，以避免影响下部建筑物施工及运行安全；局部遇到基础可能穿过 f7、f8 断层，建议采取适宜的工程处理措施。

该段现地形局部不能满足鱼道基础高程设计要求，需采取回填或采用渡槽方案等工程处理措施。

第四段：覆盖层段。该段长约 2000m，迂回穿越阶地台地、白沟及其洪积扇，沿线地表主要分布洪积孤块碎石土层、崩坡积块碎石层、冲积含漂砂卵砾石层及人工弃渣，下伏基岩埋深普遍大于 30m。该段地形受 2 号、4 号公路及砂石拌和系统施工影响局部地形可能不满足鱼道基础高程设计要求，需采取回填等工程处理措施。

洪积孤块碎石土层允许承载力 $[R]=0.3\sim0.35$ MPa，变形模量 $E_0=20\sim30$ MPa；崩坡

积块碎石土允许承载力 $[R]=0.3\sim0.35$MPa，变形模量 $E_0=20\sim30$MPa；冲积含漂砂卵砾石层承载力一般 $0.5\sim0.7$MPa，变形模量一般 $30\sim50$MPa。其中崩坡积块碎石土层及人工弃渣结构不均匀，架空现象明显，为满足鱼道基础承载、变形要求，建议采取适宜的工程处理措施。

因基岩埋深较深，若采用渡槽方案，建议渡槽基桩基础置于含漂砂卵砾石层中，并进入一定深度。其中跨越白沟段，建议基桩布置于沟槽两侧，并采取适宜的工程处理措施，以避免雨季偶发性小型泥石流直接冲击基桩。

该段内侧开挖边坡基本开挖支护完成，边坡整体稳定；开挖边坡上部也进行了危岩体清除，并采取了相应的防护措施。

第五段：进口段。该段为鱼道暗涵段、尾水渠段及进口段，基础置于混凝土内，满足鱼道抗滑、抗浮及抗倾覆要求。

2. 气象

雅鲁藏布江流域位于青藏高原之上，为青藏高寒气候区，其基本特点是：气温低、空气稀薄、大气干洁、太阳辐射异常强烈。高原对流层厚度薄，加以下垫面复杂，因而使天气系统都具有尺度小、持续时间短、变化快的特点，地方性气候特色十分明显。

雅鲁藏布江流域地域辽阔，南北纵越 3 个纬度，东西横跨 15 个经度，域内地形地貌十分复杂，高原、盆地、高山、峡谷、交错其间，海拔高度相差 5000 多米，形成的气候复杂多样。流域降水、气温、湿度等既受地理位置影响，又受海拔高度及下垫面条件影响，时空分布十分复杂。

流域气候的主要特点是：降水量从下游到上游递减，雨季开始时间也是由下游到上游逐步推迟，因此，下游地区雨季延续的时间比上、中游地区长。下游同一地区垂直变化规律大致是降水量在森林带上线或雪线附近有一大降水带，其余则向上向下减少。湿度从下游向上游逐渐降低，蒸发是下游较弱，中、上游地区较强。气温从下游向上游、从谷底向两侧山地逐渐降低。风速下游地区较小，中、上游地区较大，其年内变化是夏秋季较小、冬春季较大。

加查气象站（测站高程 3260.0m）位于藏木水电站坝址下游约 17km 处加查县境内，该站有 1978 年至今的实测降水、气温、蒸发、湿度等资料。

依据加查气象站多年实测气象资料，其统计值供本电站建设、运行使用。经统计，多年平均气温 9.2℃，极端最高气温和极端最低气温分别为 32.0℃、−16.6℃；多年平均年降水量为 540.5mm，历年一日最大降水量 51.3mm；多年平均相对湿度 51%；多年平均风速为 1.6m/s，历年最大风速为 19m/s，相应风向 SE；多年平均蒸发量为 2075.2mm。

根据藏木大坝建设温控需要，以加查气象站气温数据为基础，分析统计气温日较差，经统计，冬季日较差较大，年最大为 26.7℃（1 月 30 日）；夏秋季节日较差相对较小，年最小为 7.0℃（9 月 24 日）；平均 16.4℃。

2.3.2　地表水环境

1. 水文

（1）径流。藏木水电站位于桑日—加查河段峡谷出口，坝址集水面积为 157 668km²。羊村水文站位于藏木水电站上游约 72km，集水面积 153 191km²，区间面积占坝址集水面积的 2.9%；奴下水文站位于藏木水电站下游约 289km，集水面积 191 235km²，羊村、奴下水文站为藏木水电站水文分析计算的设计依据站，其余站点为参证站。由羊村水文站的流量系列按面积比推算出坝址流量成果见表 2-1 和表 2-2。

表 2-1　　　　　　　　　　　　　坝 址 流 量 成 果　　　　　　　　　　流量单位：m³/s

项　　目	均值	P=5%	P=50%	P=95%
年（6 月～翌年 5 月）	1010	1510	980	592
枯期（11 月～翌年 5 月）	354	458	351	261

表 2-2　　　　　　　　　　　　坝址多年平均逐月流量成果　　　　　　　　流量单位：m³/s

月份	1	2	3	4	5	6	7	8	9	10	11	12	年平均
多年平均	292	267	266	310	426	907	2000	3270	2400	966	544	372	1010

坝址丰水年（1998 年 6 月～1999 年 5 月）、平水年（1973 年 6 月～1974 年 5 月）、枯水年（1982 年 6 月～1983 年 5 月）三个代表年平均流量为 1024m³/s，长系列多年平均流量为 1010m³/s；三个代表年枯水期（11 月～翌年 5 月）平均流量为 350m³/s，长系列枯水期平均流量为 354m³/s。

（2）洪水。雅鲁藏布江洪水主要由暴雨形成。流域降雨比较集中，雨期（4～9 月）降水占全年降水的 95%以上。由于流域内广大地区雨热同季，降水量多的月份，也正是全年气温最高，融水补给量大的时期，导致雅鲁藏布江洪水规模及洪峰流量均较大。

据羊村、奴下两水文站洪水资料统计，羊村水文站年最大洪峰流量发生在 7～9 月，其中 8 月最多，占全年的 75%，实测年最大洪峰流量为 8870m³/s（1962 年 9 月 2 日）。奴下水文站年最大洪峰流量也发生在 7～9 月，其中 8 月最多、7 月次之，实测年最大洪峰流量为 13 100m³/s（1998 年 8 月 22 日）。

采用羊村水文站与奴下水文站设计洪水成果按面积比内插计算的藏木水电站坝址设计洪水成果，两阶段设计洪水成果比较表见表 2-3。

表 2-3　　　　　　　　　　　　　坝 址 设 计 洪 水 成 果

频率（%）	0.05	0.10	0.20	0.50	1.0	2.0	3.33	5.0	10	20
流量/（m³/s）	16 900	15 800	14 800	13 300	12 200	11 000	10 100	9410	8170	6850

2. 泥沙

（1）坝址悬移质输沙量和含沙量推算。坝址上游约 71.6km 和 320km 分别设有羊村水文站和奴各沙水文站，坝址下游约 361km 设有奴下水文站，三站均开展了悬移质泥沙测验。设计采用羊村水文站作为泥沙设计依据站，奴各沙水文站和奴下水文站为设计参证站。

建立了奴各沙水文站～羊村水文站同步月平均输沙率关系，采用奴各沙水文站月平均输沙率插补羊村水文站缺测的月平均输沙率。同时对羊村水文站悬移质资料进行合理性分析，比较羊村水文站逐日平均输沙率、含沙量过程线与上游奴各沙水文站和下游奴下水文站的关系，认为羊村水文站部分年份实测泥沙资料有问题。设计采用奴各沙水文站月平均输沙率修正了羊村水文站部分年份月平均输沙率。藏木水电站坝址悬移质输沙量采用修正后的羊村水文站月平均含沙量和对应的坝址月平均流量计算而得。据统计，藏木水电站坝址多年平均悬移质年输沙量 1590 万 t，多年平均含沙量 0.527kg/m³，多年汛期（6～9 月）平均含沙量 0.714kg/m³。输沙量年内分配不均匀，主要集中在汛期（6～9 月），占全年输沙量的 97.5%，其中 7、8 两月占全年的 76.4%。

（2）悬移质颗粒级配及矿物成分分析。雅鲁藏布江各水文站均未开展悬移质颗粒级配测验。预可研设计阶段，采用羊村水文站实测的 3 组悬移质单样干沙沙样作颗粒级配分析，其最大粒径 0.698mm，中数粒径 0.07mm。可研设计阶段颗粒级配分析成果采用预可研设计阶段成果，并对实测干沙样进行了矿物成分分析，结果显示：悬移质中莫氏硬度大于 5 的矿物有炉渣、石英、长石、角闪石、锆石，莫氏硬度大于 5 的硬矿物百分含量为 45.0%。

（3）床沙颗粒级配分析及推移质输沙量计算。雅鲁藏布江无推移质输沙率实测资料，藏木水电站推移质输沙量采用推移质输沙率公式计算。在羊村水文站河段进行了床沙取样分析，该河段床沙最大粒径 180mm，中数粒径 38mm。根据羊村水文站水力因素及床沙颗粒级配，用修正窦国仁推移质输沙率公式计算流量～输沙率关系，选取羊村水文站丰、中、枯代表年逐日平均流量资料，计算得羊村水文站河段丰、中、枯代表年平均推移质年输沙量为 41.4 万 t。

3. 水温

藏木水电站坝址上、下游分别设有羊村水文站（电站坝址上游约 70km）及奴下水文站（电站坝址下游约 330km），两站均测有 1958～1975 年长系列的河道水温资料。

两水文站相距约 400km，两站区间面积为 36 652km²，其中有属融水补给为主的支流——尼洋河汇入且水量大（流域面积为 17 535km²，占上述区间面积的 47.8%）。大量低温支流的汇入使河流水温表现出了一些较为特别的现象，表现在 10 月至次年 4 月流域气温低、水温低、区域融水补给量少的时段，河水受支流冷水影响小，从上至下水温呈增加趋势；相反，在 6～9 月冰雪融水补给量大的时段，河水温度却出现下游较上游断面低的现象。根据已有的 18 年资料（1960～1965 年、1967 年、1968 年、1973～1982 年），羊村、奴下水文站的逐月均水温统计，10 月至次年 4 月（平、枯水期）的各月平均水温值，奴下站均高于羊村站；而 5～9 月（丰水期）的各月平均水温值，却是奴下站低于羊村站。6 月平均水温，两站可相差 2.8℃。两水文站全年及各月平均水温情况见表 2－4。

表 2－4　　　　　　　　　　羊村、奴下水文站水温统计

水文站	集水面积/km²	资料年限	年数/a	逐月平均水温/℃												多年平均水温/℃	年均最大温差/℃
				1	2	3	4	5	6	7	8	9	10	11	12		
羊村	153 191	1960～1982 年	23	0.8	2.6	5.9	9.7	13.1	16.3	17.1	16.5	15.2	10.9	5.3	1.8	9.6	0.8
奴下	189 843	1960～1982 年	18	2.5	4.4	7.4	10.5	12.1	13.5	15.1	15.9	14.6	11.5	7	3.7	9.9	1.1
奴下－羊村*	36 652			1.6	1.6	1.5	0.8	−0.9	−2.8	−2	−0.6	−0.6	0.5	1.7	1.9	0.2	

* 采用奴下、羊村两站 1960～1965 年、1967 年、1968 年、1973～1982 年计 18 年同期观测资料。

藏木水电站水库为典型的河道混合型水库，调节库容小，水库的形成不会对水温产生明显影响，水库库区水温及下泄水温与天然情况相似。

2.4 鱼道工程建设的特（难）点与创新点

2.4.1 工程特（难）点

为保护藏区生态环境，2009 年 1 月，环境保护部对《雅鲁藏布江藏木水电站环境影响报告书》环评文件予以批复，要求藏木水电站必须修建鱼道设施。文件下发后，通过对藏木水电站工程特点进行全面分析，汇总出该鱼道工程设计工作存在的特点和难点主要如下：

（1）藏木水电站地处青藏高原腹地，是雅鲁藏布江中游规划建设的第一座大型电站，鱼道工程是藏木水电站的项目组成之一，外界关注度高。

（2）藏木水电站正常蓄水位 3310m，海拔高，世界范围内尚无相关工程案例借鉴。

（3）藏木水电站坝高 116m，最大水头 67.0m，额定水头 53.5m，而国内外成功运行鱼道的坝高一般在 40m 以下，本工程可供参照的高坝鱼道工程成功案例很少。

（4）本工程鱼道出口水位变幅 5m，鱼道进口水位最大变幅 4.52m，鱼道进出口水位变幅较大，不同水位条件下均需满足鱼道过缝断面和鱼道进口处流速要求的设计难度较大。

（5）雅鲁藏布江工程河段鱼类生态学习性和鱼类游泳能力等基础研究薄弱，相关研究的不足也将成为鱼道工程设计的制约因素之一。

因此，为解决高海拔地区高坝过鱼技术难题，切实保护好地处高原高海拔地区的雅鲁藏布江中游河段水生生态环境，需要开展高原高海拔高坝鱼道关键技术研究及应用工作，以便为藏木鱼道勘测设计提供技术支撑，同时也能为同类工程提供借鉴和参考，对推动我国、乃至世界高坝鱼道设计技术的发展具有重要的作用。

2.4.2 工程创新点

成都院创新地提出了高山峡谷地区的鱼道布置方式、方法，形成了多样化的高山峡谷鱼道布置技术。

藏木鱼道全长 3683m，布置了三个进口和四个出口。鱼道上下游水位落差大，坡度缓，线路长，在高山峡谷地区布置十分困难。鱼道布置首次采用了置换基础、贴坡混凝土基础、牛腿基础、支墩基础、岩锚梁基础等多种创新措施，解决了高山峡谷地区鱼道布置困难问题。

（1）采用贴坡混凝土及回填混凝土作为鱼道基础。鱼道 S 形爬坡段基础位于斜坡上，该边坡为覆盖层边坡，若按稳定坡比进行开挖形成鱼道基础，边坡开挖量、支护量较大，并将形成高边坡，因此该 S 形爬坡段整体采用贴坡混凝土及回填混凝土作为基础。该方案结构简单可靠、实施方便、节省工程投资，对后续类似工程具有借鉴意义。

（2）采用岩锚梁作为鱼道基础。鱼道在厂房右侧边坡范围内的基础位于陡峻的边坡上，原始地形较完整，基岩裸露，整体风化卸荷较强，难以开挖形成马道作为鱼道基础，因此该段鱼道除部分采用贴坡混凝土基础外，其余采用岩锚梁基础。

（3）在尾水闸墩上设置牛腿作为鱼道基础。鱼道结合尾水闸墩及尾水渠左、右导墙布置，鱼道通过尾水闸墩处，基础采用牛腿形式，可满足鱼道稳定的要求。尾水闸墩上设置牛腿作为鱼道基础方案，节省了工程量和投资。

（4）鱼道与厂房防洪墙结合布置。鱼道通过尾水渠右岸时，受现场地形条件限制，鱼道难以单独布置，因此该段鱼道与厂房衡重式混凝土防洪墙结合布置，鱼道设置在防洪墙内部，为达到通风采光效果，在防洪墙内每个池室顶部设置通气采光孔，为保证安全，通气采光孔顶部设置钢隔栅盖板。该布置方案节约了工程量和投资。

（5）鱼道与厂房尾水左侧导墙结合布置。鱼道进口段位于厂房尾水左侧，该段鱼道与厂房尾水左侧导墙结合布置，鱼道 1 号进口位于尾水渠左侧的导墙末端，3 号进水口布置在尾水渠左侧的导墙起点，鱼道与厂房尾水左侧导墙结合布置较好的解决了鱼道单独布置自身稳定和工程量大的问题，节约了工程量和投资。

（6）鱼道与大坝结合布置。鱼道在 19 号坝段处穿越大坝，鱼道布置于 19 号坝段内，该部分鱼道采用平坡，兼起休息池作用。

（7）鱼道进口布置。根据过鱼对象聚集习性和改变后的河道特点，布置鱼道进口，设计进口结构。过鱼对象通常洄游至河流上游可达到的最远处聚集成群，因此，传统鱼道通常在原始河道过鱼对象聚集位置设计布置单一的进口，但工程建设改变了原始河道，过鱼对象聚集位置也将会发生变化，根据原始河道聚集地布置的鱼道进口难以被过鱼对象快速发现。

藏木鱼道主要过鱼具有深水缓流底栖性，主要聚集于干流深水沱、河槽之中，可通过性试验和原型试验时，观察到电站尾水渠左导墙首、尾端以及左导墙两侧（尾水渠和消力池）常见大量的主要过鱼对象聚集，尾水渠右导墙首端也常见主要过鱼对象聚集。因此，鱼道创新性设计布置了 3 个分散式进口，1 号进口位于尾水渠左导墙的尾端，3 号进口位于尾水渠左导墙的首端，4 号进口位于尾水渠右导墙的首端，并且鱼道 1 号进口创新性的布置了 3 道进鱼门，分别指向为尾水渠、尾水渠下游和消力池，大大提高了主要过鱼对象发现鱼道进口并进入鱼道洄游的效率。为营造更适合过鱼对象的水流流态，使鱼道进口处水流更加平稳，鱼道 1 号 −2 进鱼门创新性设计了可调节式导流墙。

鱼道进口设计的难点：鱼道进口是鱼道设计成功的最为关键的因素之一，通过以往设计的经验，鱼道进口位置的选择尤为重要，将直接决定鱼道设计是否成功，鱼道通过大量的调研，研究并设计出了与主体尾水闸墩结合的鱼道进口段，进口诱鱼效果良好，鱼道进口的布置形式在国内得到广泛的推广。

（8）补水诱鱼措施。针对鱼道自身流量小、诱鱼效果差的问题，设计补水等诱鱼结构和措施。鱼道流量不及雅鲁藏布江多年平均径流量的 1%，仅有 0.27~0.74m^3/s，不易被过鱼对象发现，鱼道需进行补水诱鱼。若鱼道采用传统的进口集中补水和出流，最大补充流量将达 3.0m^3/s，大量补入的水体将导致进口水流流速远超过鱼对象突进游速，将在进口通道形成洄游阻隔，过鱼对象无法突破阻隔进入鱼道。

鱼道创新设计布置了进口分散出流和鱼道沿程补水结构。1 号、3 号和 4 号进口设置集中补水池，3 个集中补水池内均设计布置了分散出流导水管，将补入的水量均匀分散出流在进口各部位，出流部位水流流速不大于过鱼对象突进游速，不形成洄游通道阻隔。3 号进口设置了分散补水池，补水池内设计布置了沿程补水导水管，将补入的水量均匀引向鱼道沿程各部分，增强鱼道沿程补水诱鱼效果。

2.5　藏木鱼道对江段水生态保护的意义

藏木鱼道由中国电建集团成都勘测设计研究院有限公司设计，于 2015 年正式建成并投入使用。藏木鱼道建成后即成为国内长度最长、海拔最高、提升水头最大的鱼道。设计之初为了克服高海拔和高水头对鱼类上溯带来的困难，成都院开展了大量的工作，并与加拿大 Golder 公司签订《高坝鱼道工程设计技术支持服务合同书》，联合国际知名咨询公司协作完成藏木鱼道工程设计工作。根据藏木鱼道运行后过鱼效果的监测显示，藏木鱼道发挥了较好的过鱼效果，在保护雅鲁藏布江流域水生生态环境、恢复工程河段鱼类种质交流通道、缓解水电工程建设对鱼类的阻隔影响方面起到了重大的作用。

工程影响河段鱼类资源状况

3.1 工程河段鱼类资源现状

3.1.1 种类组成

根据历史资料记载和调查采样结果，雅鲁藏布江中上游干支流分布鱼类 29 种（见表 3-1），其中高原鱼类区系的种类 19 种，占鱼类种类总数的 66%；外来种 10 种，即鲤、鲫、鳙、鲢、草鱼、麦穗鱼、棒花鱼、鲇、泥鳅及黄黝鱼等，均采自雅鲁藏布江干流，且主要分布于谢通门以下干支流；以往记述的鱼类中的东方高原鳅、小眼高原鳅没有采集到。根据雅鲁藏布江中游干支流的鱼类资源复核调查成果，现场共采集鱼类 24 种。

雅鲁藏布江中游江段记载和采集到的高原鱼类 19 种（以下区系分布和生物学特性等叙述均不包括外来种），实际调查采集到 14 种，隶属于 2 目、3 科、7 属。其中裂腹鱼亚科鱼类 8 种，占总种数的 57.14%；高原鳅属鱼类 4 种，占 28.57%；鲱科鱼类 2 种，占 14.29%。裂腹鱼类中裂腹鱼属 3 种，裸鲤属 2 种，叶须鱼属 1 种，尖裸鲤属、裸裂尻鱼属各 1 种。

表 3-1　　　　　　　　　　鱼 类 种 类 及 分 布

鱼类种名	调查采集标本	外来种
鲤形目　Cypriniformes		
鲤科　Cyprinidae		
裂腹鱼亚科　Schizothoracinae		
裂腹鱼属　*Schizothorax* Heckel		
拉萨裂腹鱼 *S.waltonikozlovi* Regan	+	
巨须裂腹鱼 *S.macropogon* Regan	+	
异齿裂腹鱼 *S.o'connori*（Lloyd）	+	

鱼类种名	调查采集标本	外来种
叶须鱼属 *Ptychobarbus* Steidachner		
双须叶须鱼 *P.dipogon*（Regan）	+	
裸鲤属 *Gymnocypris* Günther		
高原裸鲤 *G.waddellii* Regan	+	
硬刺裸鲤 *G.scleracanthus* Tsao et al.		
兰格湖裸鲤 *G.chui* Tchang et al.	+	
软刺裸鲤 *G.dobula* Günther		
尖裸鲤属 *Oxygymnocypris* Tsao		
尖裸鲤 *O.stewartii*（Lloyd）	+	
裸裂尻鱼属 *Schizopygopsis* Steindachner		
拉萨裸裂尻鱼 *S.younghusbandi* Regan	+	
鲢亚科 Hypophthalmichthyinae		
鳙属 *Aristichthys* Oshima		
鳙 *A.nobilis*（Richardson）	+	+
鲢属 *Hypophthalmichthys* Bleeker		
鲢 *H.Molitrix*（C.et V.）	+	+
雅罗鱼亚科 Leuciscinae		
草鱼属 *Ctenopharyngodon* Stiendachner		
草鱼 *C.Idellus*（C.et V.）	+	+
鮈亚科 Gobioninae		
麦穗鱼属 *Pseudorasbora* Bleeker		
麦穗鱼 *P.parava*（Temminck et Schlegel）	+	+
棒花鱼属 *Abbottina* Jordan et Fowler		
棒花鱼 *A.rivularis*（Basilewsky）	+	+
鲤亚科 Cyprininae		
鲤属 *Cyprinus* Linnaeus		
鲤 *C.carpio* Linnaeus	+	+
鲫属 *Carassius* Jarocki		
鲫 *C.auratus*（Linnaeus）	+	+
鳅科 Cobitidae		
条鳅亚科 Nemacheilinae		
高原鳅属 *Triplophysa* Rendahl		
细尾高原鳅 *T.stenura*（Herzenstein）	+	

续表

鱼类种名	调查采集标本	外来种
西藏高原鳅 *T.tibetana* Regan	+	
东方高原鳅 *T.orientalis*（Herzenstein）		
短尾高原鳅 *T.brevicauda*（Herzenstein）	+	
异尾高原鳅 *T.stewartii*（Hora）	+	
小眼高原鳅 *T.microps*（Steindachner）		
斯氏高原鳅 *T.stoliczkae*（Steindachner）		
花鳅亚科 Cobitinae		
泥鳅属 *Misgurnus* Lacépède		
泥鳅 *M.anguillicaudatus*（Cantor）	+	+
鲇形目 Siluriformes		
鲇科 Siluridae		
鲇属 *Silurus* Linnaeus		
鲇 *S.asotus* Linnaeus	+	+
鮡科 Sisoridae		
原鮡属 *Glyptosternum* McClelland		
黑斑原鮡 *G.maculatum*（Regan）	+	
褶鮡属 *Pseudecheneis* Blyth		
黄斑褶鮡 *P.sulcatus*（McClelland）	+	
鲈形目 Perciformes		
塘鳢科 Eleotridae		
黄黝鱼 属 *Hypseleotris* Gill		
黄黝鱼 *H.swinhonis*（Güther）	+	+
水系有属级类元素	18	10
水系有种级类元素	24	10

注："＋"代表有此鱼类，其中泥鳅为项目环评阶段没有采集到的样本。

从区系特点看，雅鲁藏布江中上游鱼类组成简单，主要由两大类群组成：鲤科的裂腹鱼亚科和鳅科的条鳅亚科高原鳅属鱼类，此外有鲇形目鮡科 2 种。其中裂腹鱼类为优势类群，这与整个青藏高原的鱼类组成特点相一致，属典型的高原鱼类区系。

裂腹鱼类和高原鳅是高原鱼类区系的典型代表，以青藏高原腹地最具代表性，只分布有这两类鱼。而对于逐步适应高原隆起过程中，在高原边缘形成的急流环境生活的一些特化的鮡科鱼类，如原鮡属、褶鮡属等种类，由于具有较强的攀附能力，且能适应低温环境，它们中的一些种类甚至可以从高原的南部边缘向高原腹地渗透，并成为高原区系组成的一部分，其地质历史意义的地学屏障对其影响不大。如黑斑原鮡在海拔 4200m 左右的萨嘎附近江段仍有分布（主要分布于萨嘎以下雅鲁藏布江中游），是目前已知分布海拔最高的鲱科鱼类。由于鱼类区系复合体的形成时期受喜马拉雅山脉升起和冰川的影响，中亚高山鱼类区系所有种类均为抗寒性种类，被认为具有共同的地理起源；虽然雅鲁藏布江中、上游水系生境存在较大差异，但其鱼类区系基本组成却显示出高度的一致性，鱼类区系组成的单纯性与水系的复杂性在雅鲁藏布江中上游构成统一而又独特的动物地理单元。

调查发现雅鲁藏布江的外来鱼类日益增多。雅鲁藏布江中游采集到鲤、鲫、鳙、鲢、草鱼、麦穗鱼、棒花鱼、鲇、黄鳝鱼等外来鱼类 10 种，特别是米林以下中游宽谷江段，种类多，数量大，在夏季高温季节的渔获物中已经占有一定的比例，个别情况下外来鱼类占渔获量的比例高达 20%～30%，并发现有这些鱼类的幼鱼，显然，这些外来鱼类多已在雅鲁藏布江形成一定的自然种群。造成外来物种迅速增多的原因，主要是人工养殖品种的引进、内地活鱼运输的流失，加上西藏文化、宗教的原因，放生的习惯较为普遍，也无意中促进了外来物种增加。

3.1.2 资源分布

调查显示，雅鲁藏布江中上游渔获物主要是由拉萨裸裂尻鱼、双须叶须鱼、异齿裂腹鱼、拉萨裂腹鱼、巨须裂腹鱼、尖裸鲤、黑斑原鲱、黄斑褶鲱等组成，构成雅鲁藏布江中上游鱼类产量的99%以上。它们当中除黑斑原鲱仅分布在萨嘎以下雅鲁藏布江中游、黄斑褶鲱仅分布于桑日以下中下游干支流外，其余种类在雅鲁藏布江的中上游干支流分布较为广泛。因此，工程影响河段分布的鱼类与整个雅鲁藏布江中游分布的鱼类相似。

在雅鲁藏布江中游江段中，拉萨裸裂尻鱼及异齿裂腹鱼是分布最广的两种鱼类，且数量最多。其次是双须叶须鱼，分布较广，数量仅次于前两种。拉萨裂腹鱼和巨须裂腹鱼一般在涨水时容易捕捞，平时在渔获物中数量较少。尖裸鲤主要分布在海拔 3000～4200m 的干流急流深潭或支流下游深水河段，为雅鲁藏布江中上游唯一的凶猛性肉食性鱼类，近年由于过度捕捞，资源量急剧下降，现已被西藏自治区列为一级保护动物。高原鳅主要分布于支流及岸周边的溪沟浅潭处，个体虽小，但分布广，数量较大。根据历史记载和近年来对西南诸河的调查，黄斑褶鲱除在雅鲁藏布江下游有分布外，在怒江、澜沧江中上游也有分布，且多分布于高原鱼类地理隔离带附近江段。

本次调查结果结合工程环境影响评价阶段的夏季鱼类资源分布状况可发现，雅鲁藏布江中游鱼类的种类和资源量分布在夏季（表 3-2）和冬季（表 3-3）有着显著的区别。

表 3-2　　　　　夏季各江段渔获物主要种类分布（2007 年 7~9 月）

河段	拉萨裸裂尻鱼	双须叶须鱼	异齿裂腹鱼	拉萨裂腹鱼	巨须裂腹鱼	尖裸鲤	高原裸鲤	黑斑原鲱	黄斑褶鲱
米林	++	+	+++	+	+	+		+	+
加查	+	+	+++	+	+++	+	+	++	+
桑日	+	+	++	+++	+	+		+	

注：+少见；++常见；+++多见。

表 3-3 　　　　　　冬季各江段渔获物主要种类分布（2010 年 11～12 月）

河段	拉萨裸裂尻鱼	双须叶须鱼	异齿裂腹鱼	拉萨裂腹鱼	巨须裂腹鱼	尖裸鲤	高原裸鲤	黑斑原鮡	黄斑褶鮡
米林	+++	++	+	+	+				
加查	++	+	+++	+	+++				
桑日	+	+	+		+	+++		+	

注：+少见；++常见；+++多见。

（1）在渔获物种类数方面，米林、加查、桑日夏季渔获物种类数分别为 8 种、9 种和 7 种；而冬季渔获物种类数分别为 5 种、5 种和 7 种，可见在米林和加查江段，夏季渔获物种类数多于冬季。

（2）在种类数量方面，米林江段冬季渔获物数量最多种类为拉萨裸裂尻鱼，而夏季为异齿裂腹鱼；加查江段冬季和夏季渔获物种类数量变化不大，数量最多均为异齿裂腹鱼和巨须裂腹鱼；桑日江段冬季渔获物数量最多种类为尖裸鲤，而夏季为拉萨裂腹鱼。

3.2　生物学特性

根据实际调查的样本数量，结合相关文献及资料，对构成藏木水电站坝址附近渔获物 99% 以上的种类进行了生物学特征的分析，涉及影响区域的常见种类和少见种类，分别为异齿裂腹鱼、巨须裂腹鱼、拉萨裂腹鱼、尖裸鲤、双须叶须鱼、拉萨裸裂尻鱼、黑斑原鮡和黄斑褶鮡，共计 8 种。

3.2.1　形态特性研究

1. 异齿裂腹鱼

异齿裂腹鱼见图 3-1。

图 3-1　异齿裂腹鱼 *Schizothorax o'connori*（Lloyd）

别名：欧氏弓鱼、横口四列齿鱼、副裂腹鱼、异齿弓鱼。

背鳍条 iii，8；臀鳍条 iii，5；胸鳍条 i，16～18；腹鳍条 i，8～10。第一鳃弓外鳃耙 24～33，内鳃耙 35～43。鳞式 90（21-28）/（17-22）112。

体长为体高的 4.6（3.86～5.21）倍，为头长的 5.11（3.06～6.19）倍，为尾柄长的 7.46（3.44～9.90）倍，为尾柄高的 9.36（7.86～10.80）倍；体高为尾柄高的 2.04（1.78～2.22）

倍；头长为吻长的 2.55（2.00～3.19）倍，为眼径的 7.70（5.00～9.50）倍，为眼间距的 2.14（1.86～2.57）倍；尾柄长为尾柄高的 1.33（1.04～2.29）倍；体重为空壳重的 1.24（1.06～1.47）倍。

体延长，略呈棒形，吻钝圆。口下位，横裂或弓形。下颌前缘有锐利的角质，下唇发达，唇后沟连续。须 2 对，较短，前须短于眼径，后须长于前须，末端后伸达眼径中部下方，前须末端达鼻孔后缘下方。背鳍最后一根不分枝鳍条粗硬，其后缘锯齿深刻，背鳍起点到吻部的距离大于至尾鳍基部的距离。腹鳍基部起点位于背鳍起点之前下方。尾鳍叉形。体被细鳞。鳃耙多，下咽骨宽阔，下咽齿 4 行，1.2.3.4/4.3.2.1，咽齿顶端呈斜截状。腹膜黑色。

背侧青灰色，腹部银白色，体侧、背鳍、尾鳍有黑色斑点。甲醛液浸泡后，体背部呈灰褐色，腹部呈灰白色，斑点仍可见。

2. 巨须裂腹鱼

巨须裂腹鱼见图 3-2。

图 3-2 巨须裂腹鱼 *Schizothorax macropogon* Regan

别名：巨须弓鱼。

背鳍条 iii，8；臀鳍条 iii。5；胸鳍条 i，16～17；腹鳍条 i，8～10。第一鳃弓外鳃耙 15～21，内鳃耙 20～24。鳞式 89（35-40）/（22-25）95。

体长为体高 3.78（3.36～4.25）倍，为头长的 4.83（4.44～5.28）倍，为尾柄长 7.09（5.67～9.07）倍，为尾柄高 8.22（7.14～8.89）倍，为肠长 0.33（0.29～0.41）倍；体高为尾柄高的 2.18（1.84～2.44）倍；头长为吻长 2.80（2.45～3.55）倍，为眼径的 6.99（5.09～8.30）倍，为眼间距 2.54（2.24～3.65）倍；尾柄长为尾柄高 1.17（0.96～1.50）倍；体重为空壳重 1.08（1.05～1.12）倍。

体延长，稍侧扁，头锥形。口下位，弧形，下颌前缘有角质，但不锐利。下唇分左、右两叶，无中间叶，唇后沟中断。须 2 对，较长，前须末端达到前鳃盖骨前部，后须末端达主鳃盖骨后部。体被细鳞，背鳍最后一枚不分枝鳍条为硬刺，其后缘锯齿深刻，背鳍起点到吻端的距离大于到尾鳍基部的距离，腹鳍基部起点位于背鳍起点的前下方。下咽骨狭窄，呈弧形，下咽齿 3 行，2.3.5/5.3.2，咽齿细圆，顶端尖而钩曲，主行第一枚齿细小。腹膜黑色。

新鲜标本身体背、侧部青黑色，腹部浅黄色，体侧有少数黑色暗斑。甲醛液浸泡后背部暗灰色，腹部浅褐色。

3. 拉萨裂腹鱼

拉萨裂腹鱼见图3-3。

图3-3　拉萨裂腹鱼 *Schizothorax Walton* (Regan)

别名：拉萨弓鱼、贝氏裂腹鱼。

背鳍条iii，8；臀鳍条iii，5；胸鳍条i，17～18；腹鳍条i，9。条一鳃弓鳃耙20～22，内鳃耙25～26。鳞式88（24-27）/（15-19）97。

体长为体高的5.09（4.50～5.67）倍，为头长的4.16（3.87～4.60）倍，为尾柄长的5.32（4.69～5.73）倍，为尾柄高的9.85（8.75～11.14）倍，为肠长的0.57（0.41～0.93）倍；体高为尾柄高的1.94（1.73～2.23）倍；头长为吻长的2.43（2.14～2.62）倍，为眼径的7.49（6.11～9.00）倍，为眼间距的2.56（2.33～3.06）倍；尾柄长为尾柄高的1.82（1.25～2.29）倍；体重为空壳重的1.15（1.12～1.16）倍。

体修长，稍侧扁，头长，吻较尖。口下位，马蹄形。吻褶发达。唇发达。下唇分左、右两叶，部分个体具有细小的中间叶，唇后沟连续。须2对，后须稍长，末端到达眼后缘下方。体被细鳞，身体前部腹侧鳞片细小，后部鳞片较大。背鳍最后1根不分枝鳍条坚硬，其后侧缘锯齿发达，背鳍基部起点到吻端的距离大于到尾鳍基部的距离；腹鳍基部起点位于背鳍基部起点之前的下方。下咽骨狭窄，呈弧形，下咽齿3行，2.3.5/5.3.2。下咽齿细圆，顶端尖，略钩曲。鳔2室，后室细长。腹膜黑色。

新鲜标本背侧部黄褐色，腹部浅黄色，体侧有许多不规则黑色斑点。甲醛浸泡后，背侧部棕褐色，腹部浅褐色，体侧斑点不变色。

4. 尖裸鲤

尖裸鲤见图3-4。

图3-4　尖裸鲤 *Oxygymnocypris stewartii* (Lloyd)

别名：斯氏裸鲤鱼。

背鳍条iii，7；臀鳍条iii，5；胸鳍条i，16～17；腹鳍条i，8～9。第一鳃弓外鳃耙8～10；内鳃耙10～12。

体长为体高的 5.37（4.74～5.93）倍，为头长的 4.11（3.86～4.44）倍，为尾柄长的 12.07（9.25～14.60）倍，为尾柄高的 12.96（12.07～14.09）倍，为肠长 0.92（0.64～1.10）倍；体高为尾柄高的 2.42（2.23～2.85）倍；头长为吻长的 3.12（2.93～3.38）倍，为眼径的 8.10（5.10～10.70）倍，为眼间距的 3.40（2.96～3.83）倍；尾柄长为尾柄高的 1.08（0.93～1.44）倍；体重为空壳重 1.12（1.06～1.14）倍。

体修长，略侧扁，吻部尖长。头长锥形。口大，端位，呈深弧形，上颌稍长于下颌。下颌前缘无锐利角质。上唇较发达，下唇狭细，分左、右两叶，唇后沟中断。无须。眼较小。体裸露无鳞，仅肩带处有少数不规则的鳞片及纵行的臀鳞。颏部和颊部每侧具一列明显的黏液腔。背鳍起点到吻端的距离明显大于到尾鳍基部距离，腹鳍基部起点位于背鳍起点之前的下方。下咽骨较狭窄，下咽齿 2 行，3.4/4.3。咽齿顶部钩曲状。鳔两室，后室为前室长的 2.4～2.8 倍。肠粗短，短于体长。腹膜灰白色。

新鲜标本体背部青灰色，体侧灰白色，腹部银白色，在头背及体侧常具深灰色斑点，各鳍淡黄色。甲醛液浸泡后，背侧铅灰色。

5. 双须叶须鱼

双须叶须鱼见图 3-5。

图 3-5　双须叶须鱼 *Ptychobarbus dipogon*（Regan）

别名：双须重唇鱼。

背鳍条iii，8；臀鳍条iii，5；胸鳍条 i，17～19；腹鳍条 i，7～9。第一鳃弓鳃耙 12～18，内鳃耙 17～21。侧线鳞 78（15-18）/（9-12）86。

体长为体高的 5.83（4.58～6.63）倍，为头长的 4.42（3.65～5.83）倍，为尾柄长的 9.33（7.58～12.12）倍，为尾柄高的 13.71（10.58～15.80）倍，为肠长的 0.56（0.49～0.60）倍；体高为尾柄高的 2.56（1.91～3.04）倍；头长为吻长的 2.55（1.75～3.50）倍，为眼径的 7.20（4.50～13.18）倍，为眼间距的 3.07（2.25～4.58）倍。尾柄长为尾柄高的 1.48（1.15～1.93）倍；体重为空壳重的 1.10（1.04～1.14）倍。

体修长，略侧扁，头锥形，吻突出，口下位，马蹄形。唇发达，下颌无锐利角质前缘，下唇分左、右两叶，两唇叶在前端连接，连接处后的内侧缘各自向内卷曲。下唇表面多皱纹，无中间叶，唇后沟连续。须 1 对，末端达眼后缘下方。

背鳍最后不分枝鳍条软，后缘无锯齿；背鳍起点至吻端距离小于至尾鳍基部的距离。腹鳍起点与背鳍第 5～6 根分枝鳍条相对。胸、腹部裸露无鳞或仅有很少鳞片，其他部位有鳞片，且鳞片较大。下咽骨狭长，下咽齿 2 行，3.4/4.3。咽齿细圆，顶端尖而弯曲，腹膜黑色。

背部为青灰色，腹部银白色，体背侧、头部有黑色斑点。

6. 拉萨裸裂尻鱼

拉萨裸裂尻鱼见图3-6。

图3-6　拉萨裸裂尻鱼 *Schizopygopsis younghusbandi* Regan

别名：杨氏裸裂尻鱼。

背鳍条iii，8～9；臀鳍条 i，17～20；腹鳍条 i，8～10；胸鳍条 i，8～20。第一鳃弓外鳃耙7～21（95%以上为10～14），内鳃耙15～25（90%为18～23）。脊椎骨49～50。

体长为体高的4.80（4.08～5.88）倍，为头长的4.57（4.70～4.83）倍，为尾柄长的8.77（7.16～9.67）倍，为尾柄高的12.80（10.19～14.21）倍；体高为尾柄高的2.68（2.15～3.37）倍；头长为吻长的3.03（2.56～3.40）倍，为眼径的6.68（5.80～7.89）倍，为眼间距的2.75（2.07～3.40）倍；尾柄长为尾柄高的1.47（1.22～1.85）倍。

体延长，侧扁，头锥形，吻钝圆。口亚下位，弧形。下颌前缘具锐利角质，下唇细窄，分左、右两下叶；唇后沟中断。无须。背鳍位于体中点稍前，最后一根不分枝鳍条弱，后缘光滑或锯齿不甚明显，十分弱小；极少数强硬，且后缘锯齿明显。胸鳍末端远离腹鳍。腹鳍起点与背鳍第4～5根分枝鳍条相对，极少有与第3根分枝鳍条相对的，腹鳍末端不达肛门。臀鳍起点紧临肛门之后，其末端接近或达尾鳍基。尾鳍叉形。体表除臀鳞外，在肩胛部还有2～3行不规则鳞片，其他部分裸露无鳞；臀鳞行列前端因标本产地不同可以达到或不达到腹鳍基部。侧线完全，基本平直。鳃耙短小，排列较稀疏。下咽齿2行，3.4/4.3，稳定；齿顶端尖而钩曲，咀嚼面凹陷，呈匙状。鳔2室，后室为前室的2.5倍左右。

身体背部灰褐色，腹部淡黄，体侧具有不规则暗斑，头、背明显具有较大的不规则黑点。

7. 黑斑原鮡

黑斑原鮡见图3-7。

图3-7　黑斑原鮡 *Glyptosternum maculatum*（Regan）

别名：石扁头、巴格里（藏语音）。

体长为体高的 6.11（5.56～6.67）倍，为头长的 3.91（3.67～4.05）倍，为尾柄长的 5.46（5.05～6.00）倍，为尾柄高的 9.48（8.90～10.13）倍；头长为吻长的 2.43（2.35～2.50）倍，为眼径的 24.58（20.40～26.67）倍，为眼间距的 3.04（2.86～3.19）倍；尾柄长为尾柄高的 1.74（1.69～1.76）倍；眼间距为眼径的 8.13（6.40～9.33）倍。

体延长，前躯平扁，后躯侧扁。头扁平。眼小，上位，吻钝圆。口下位，横裂，较宽大。上、下颌具齿带，齿端尖；上颌齿带弧形，下颌齿带中间断裂，分成 2 块。鳃孔大，延伸至腹面。须 4 对，鼻须生于两鼻孔之间，后伸达眼径或超过眼前缘；上颌须末端尖细，后伸不超过胸鳍基部起点；外颏须后伸达鳃峡或接近胸鳍起点。唇具小乳突。胸部及鳃峡部有结节状乳突。背鳍短，脂鳍低，胸鳍后伸超过背鳍起点。胸鳍和腹鳍不分枝鳍条腹面有细纹状皮褶。腹鳍末端超过肛门，但不达臀鳍，臀鳍基部短。肛门至腹鳍起点的距离约为至臀鳍起点距离的 2.0 倍。尾鳍截形。体表无鳞；侧线不明显。

背部和体侧黄绿色或灰绿色，腹部黄白色，体侧有不明显的块斑或黑斑密布。

8. 黄斑褶鮡

黄斑褶鮡见图 3-8。

图 3-8　黄斑褶鮡 *Pseudecheneis sulcatus*

别名：褶赖、绒布（藏语音）。

形态特征：背鳍条 i，6；臀鳍条 ii，7；胸鳍条 i，14。

体长为体高的 6.11 倍，为头长的 14.29 倍，为吻长的 27.78 倍，为尾柄长的 29.41 倍，为尾柄高的 35.71 倍，为体高的 22.73；头长为吻长的 1.94 倍，为眼径的 17.50 倍，为眼间距的 3.18 倍；尾柄长为尾柄高的 1.21 倍；眼间距为眼径的 5.5 倍。

体延长，近圆筒形，背凸腹平，向后渐细，腹面有横向的 14～16 条皮褶。头稍平扁。眼小。口下位唇厚，相连，具小乳突。须 4 对，鼻须短扁；上颌须短，有皮褶与吻部相连，末端尖突；下颌须 2 对，粗短，具小乳突。鳃孔止于胸鳍基部。胸部有圆形吸着器。背、胸鳍无硬刺，胸鳍大，平展如翅；偶鳍第一条特宽，腹侧面具横褶；脂鳍长，与臀鳍相对。尾柄细圆。尾鳍深叉。

黄斑褶鮡有宽大而强壮的胸鳍，在尾鳍的摆动配合下，可以快速逆流前行，甚至跃出水面，在当地有"飞机鱼"之称；同时，该鱼还有一定的攀附能力。

体色：背部和体侧棕灰色，有位置相对恒定的数块黄色板块，背鳍前一块，两侧各一块，背鳍起点左右各一块，脂鳍后方正中一块。腹面肉红色，尤以口部为甚。各鳍后缘黄色，侧线黄色。

3.2.2 种群结构研究

1. 异齿裂腹鱼

渔获物体长范围为 97.2～550mm，体重范围为 12.63～2205g。统计了个体体长、体重的频数分布，见图 3－9 和图 3－10。优势个体体长组集中在 200.0～450.0mm；小于 150mm 和大于 500mm 个体的数量很少。优势个体体重组集中在 100～500g，500～1500g 的个体也有一定的数量。

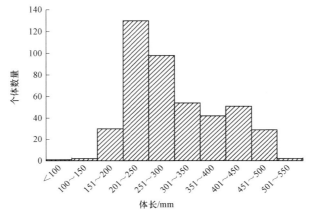

图 3－9　异齿裂腹鱼渔获物的体长组成

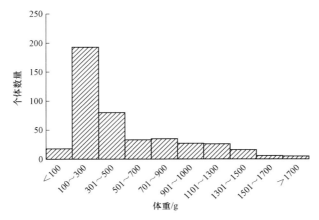

图 3－10　异齿裂腹鱼渔获物的体重组成

根据耳石磨片进行年龄鉴定，异齿裂腹鱼渔获物中年龄最小为 2 龄，最大为 24 龄。其中雄性个体的年龄为 4～18 龄，雌性个体的年龄为 3～24 龄（见图 3－11）。渔获物中雄性 218 尾，雌性 177 尾，未知性别 42 尾，性比为 1.236∶1。

2. 巨须裂腹鱼

巨须裂腹鱼渔获物体长范围为 147～424mm，体重范围为 66～2621g。统计了个体体长、体重的频数分布，见图 3-12 和图 3-13。优势个体体长组主要集中在 170～290mm，其中以 200～230mm 组频数最高。优势个体体重组主要集中在 80～320g，其中以 80～200g 组频数最高。

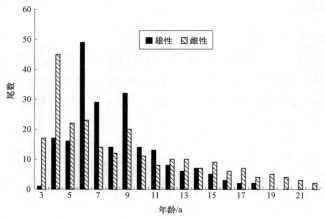

图 3-11　异齿裂腹鱼渔获物的年龄结构

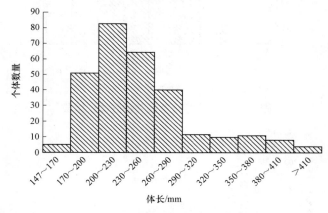

图 3-12　巨须裂腹鱼渔获物体长组成

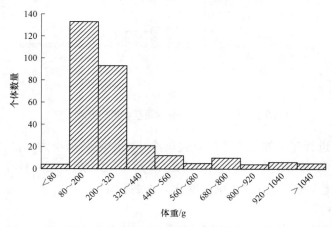

图 3-13　巨须裂腹鱼渔获物体重组成

渔获物年龄结构组成为 2～11 龄、15 龄。其中，优势年龄组为 4～6 龄，占个体数量的 74.0%，低龄组鱼个体较少。样本组成为雄性个体 112 尾，雌性个体 127 尾，未知个体 56 尾，雄、雌性比为 1∶1.13。雌、雄个体中，各龄组数量基本持平，见图 3-14。

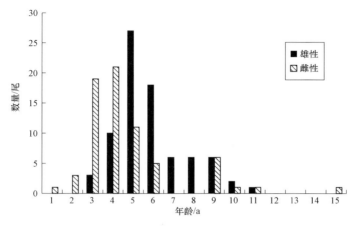

图 3-14　巨须裂腹鱼渔获物年龄结构

3. 拉萨裂腹鱼

拉萨裂腹鱼渔获物体长范围为 110～580mm，体重范围为 21.0～3365.0g。统计了个体体长、体重的频数分布，见图 3-15 和图 3-16。优势个体体长组集中在 190～350mm，其中以 230～270mm 组频数最高；优势个体体重组集中在 100.0～500.0g，其中以 100.0～300.0g 体重组频数最高。

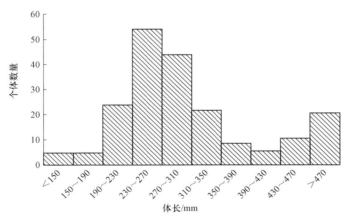

图 3-15　拉萨裂腹鱼渔获物体长组成

拉萨裂腹鱼渔获物由 2～11 年龄组成。4～6 龄为优势年龄组，占 62.3%。雌、雄性比为 1∶0.81。

4. 尖裸鲤

尖裸鲤渔获物体长范围为 44.5～546mm，体重范围为 1.31～3226g。统计了个体体长、体重的频数分布，见图 3-17 和图 3-18。优势个体体长组集中在 200～350mm，其中以

250～300mm 组频数最高；优势个体体重组集中在 100～400g，其中以 100～300g 体重组频数最高。

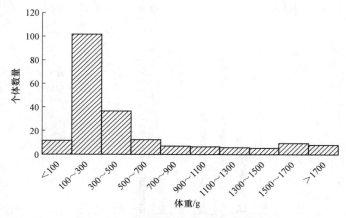

图 3-16　拉萨裂腹鱼渔获物体重组成

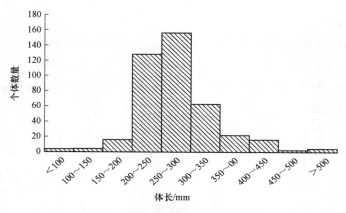

图 3-17　尖裸鲤渔获物体长组成

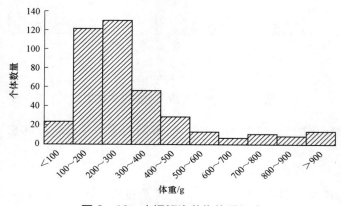

图 3-18　尖裸鲤渔获物体重组成

尖裸鲤渔获物年龄结构中以 3~5 龄个体居多，占所有渔获物的 87.91%。超过 7 龄的个体较少，仅占全部渔获物的 3.04%。其中，雄鱼最大年龄为 9 龄（体长 425mm，体重 853g），雌鱼最大年龄 20 龄（体长 451mm，体重 1028g）。尖裸鲤渔获物年龄结构见图 3－19。

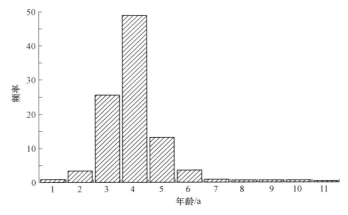

图 3－19　尖裸鲤渔获物年龄结构

5. 双须叶须鱼

双须叶须鱼渔获物体长范围为 55~593mm，体重范围为 2.34~1422g。统计了个体体长、体重的频数分布，见图 3－20 和图 3－21。优势个体体长组集中在 200~400mm，其中以 200~250mm 组频数最高；优势个体体重组集中在 50~350g，其中以 50~200g 体重组频数最高。

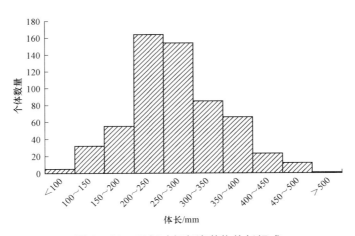

图 3－20　双须叶须鱼渔获物体长组成

双须叶须鱼的渔获物年龄组成为 1~44 龄，其中优势年龄组为 5~9 龄。44 龄个体是裂腹鱼类中目前最大的年龄报道，表明双须叶须鱼是寿命较长的鱼类。

6. 拉萨裸裂尻鱼

拉萨裸裂尻鱼渔获物体长范围为 40.1~420mm，体重范围在 0.85~2661g。统计了个体体长、体重的频数分布，见图 3－22 和图 3－23。优势个体体长组集中在 150~300mm，其中以 200～250mm 组频数最高；优势个体体重组集中在 10～300g，其中以 100～200g 体重组频数最高。

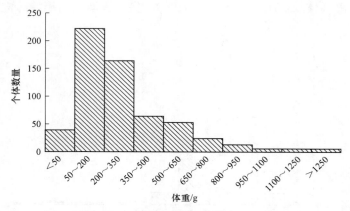

图 3-21　双须叶须鱼渔获物体重组成

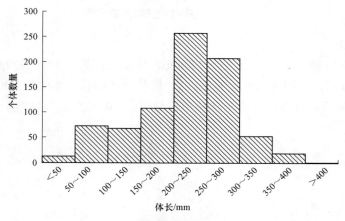

图 3-22　拉萨裸裂尻渔获物体体长组成

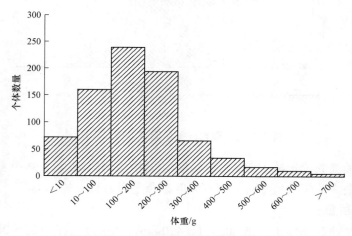

图 3-23　拉萨裸裂尻鱼渔获物体重组成

拉萨裸裂尻鱼渔获物年龄结构组成为 3～18 龄,以 7～11 龄个体为主(见图 3-24)。雄性个体的年龄为 1～16 龄,体长范围为 73～344mm,体重范围为 3.32～435g;雌性个体的年龄为 1～18 龄,体长范围为 93～428mm,体重范围为 8.15～739g。雄雌总的性比为 1:1.60。

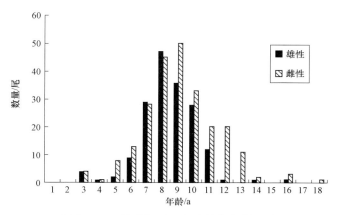

图 3-24　拉萨裸裂尻鱼渔获物年龄组成

7. 黑斑原鮡

黑斑原鮡渔获物体长范围为 103.7～283.0mm,体重范围在 21.6～357.0g。统计了个体体长、体重的频数分布,见图 3-25 和图 3-26。优势个体体长组集中在 140～220mm,其中以 140～160mm 组频数最高;优势个体体重组集中在 30～150g,其中以 60～90g 体重组频数最高。

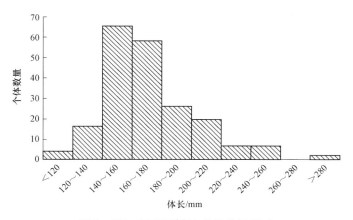

图 3-25　黑斑原鮡渔获物体长组成

黑斑原鮡渔获物年龄组成为 3～18 龄(见图 3-27)。雌、雄个体的年龄结构差异很大,88.2%($n=93$)的雌性个体集中在 4～9 龄,而 9 龄以上的雄性个体仍占 41.0%。在体长大于 200mm 的渔获物中,雄性个体占 86%($n=43$)。

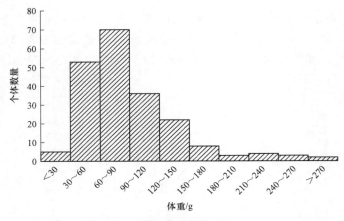

图 3-26　黑斑原鮡渔获物体重组成

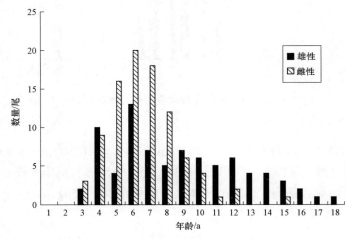

图 3-27　黑斑原鮡渔获物年龄组成

8. 黄斑褶鮡

黄斑褶鮡的资源量极低，关于其研究文献也较少。在 2004～2010 年的调查中，总共采集样本不足 10 尾，故没有进行其种群结构的分析。

3.2.3　生长特征

1. 异齿裂腹鱼

根据实测数据，拟合异齿裂腹鱼体长（L）与体重（W）的关系式为（见图 3-28）：

总体：$W = 0.000\,04L^{2.817\,7}$（$R^2 = 0.953$）

雄性：$W = 0.000\,4L^{2.830\,6}$（$R^2 = 0.972\,4$）

雌性：$W = 0.000\,4L^{2.838}$（$R^2 = 0.986\,9$）

鱼类的体长和体重随时间（或年龄）变化的规律，可以用生长方程来描述。一般用 Von Bertalanffy（简称 VBF）生长方程表示。

$$L_t = L_\infty[1 - e^{-k(t-t_0)}] \qquad W_t = W_\infty[1 - e^{-k(t-t_0)}]^b$$

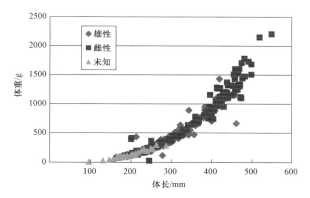

图 3-28　异齿裂腹鱼体长和体重关系

式中：t 为年龄；L_t 和 W_t 为 t 龄时的平均体长（mm）和体重（g）；L 和 W 为渐近体长和渐近体重；k 为生长系数；t_0 为假设的理论生长起点年龄；b 为常数。

根据实测数据，推算出异齿裂腹鱼两性的体长、体重生长方程如下：

雄性：

$$L_t = 463.11 \times [1 - e^{-0.105\,9(t + 2.048\,7)}]$$
$$W_t = 1404.56 \times [1 - e^{-0.105\,9(t + 2.048\,7)}]^{2.830\,6}$$

雌性：

$$L_t = 552.78 \times [1 - e^{-0.084\,4(t + 1.874\,0)}]$$
$$W_t = 2428.94 \times [1 - e^{-0.084\,4(t + 1.874\,0)}]^{2.838}$$

2. 巨须裂腹鱼

根据实测数据，分别拟合雌性群体、雄性群体和总样本中体长（L）与体重（W）的关系式如下（见图 3-29）：

总体：$W = 0.024 L^{2.876}$（$R^2 = 0.949$，$n = 287$）

雌性：$W = 0.024 L^{2.887}$（$R^2 = 0.940$，$n = 124$）

雄性：$W = 0.024 L^{2.877}$（$R^2 = 0.933$，$n = 110$）

巨须裂腹鱼的生长方程为：

$$L_t = 517.71 \times [1 - e^{-0.099(t + 1.132)}] \qquad W_t = 2197.96 \times [1 - e^{-0.099(t + 1.132)}]^{2.876}$$

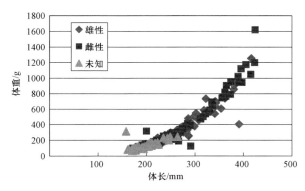

图 3-29　巨须裂腹鱼体长和体重关系

3. 拉萨裂腹鱼

根据实测数据，拟合拉萨裂腹鱼体长（L）与体重（W）的关系式为（见图3-30）：

总体：$W = 3 \times 10^{-5} L^{2.830}$（$R^2 = 0.967$，$n = 201$）

雌性：$W = 2 \times 10^{-5} L^{2.881}$（$R^2 = 0.940$，$n = 81$）

雄性：$W = 5 \times 10^{-5} L^{2.762}$（$R^2 = 0.93$，$n = 100$）

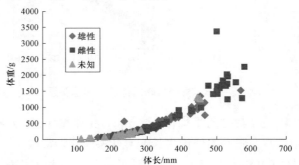

图3-30 拉萨裂腹鱼体长和体重关系

拉萨裂腹鱼的生长全程主要依赖于VBF生长方程模拟，但9龄以前可以应用形式相对简单的三次多项式模拟。

从VBF可知，$k = 0.120\,1$，拐点年龄为11.52龄，此时体长285mm，体重340.5g。

肥满度在4龄时最大，为1.656。肥满度随年龄增长而下降。

生长指标在4龄时最大，为7.133。从生长指标看，4龄以前生长速度较快，5~9龄为生长平稳阶段，从10龄开始，生长表现为衰退阶段。拉萨裂腹鱼长到100g需要3~4年，长到500g需要14~15年。

4. 尖裸鲤

根据实测数据，拟合尖裸鲤的体长（L）与体重（W）的关系式为（见图3-31）：

雌性：$W = 1.65 \times 10^{-5} L^{2.957}$（$R^2 = 0.976$，$n = 266$）

雄性：$W = 1.2 \times 10^{-5} L^{3.017}$（$R^2 = 0.967$，$n = 133$）

检验雌雄生长之间不存在差异。拟合得出尖裸鲤体长、体重生长方程分别为：

$$L_t = 555.132\,8 \times [1 - e^{-0.199\,7(t-0.685\,0)}]$$

$$W_t = 2304.21 \times [1 - e^{-0.199\,7(t-0.685\,0)}]^{3.050}$$

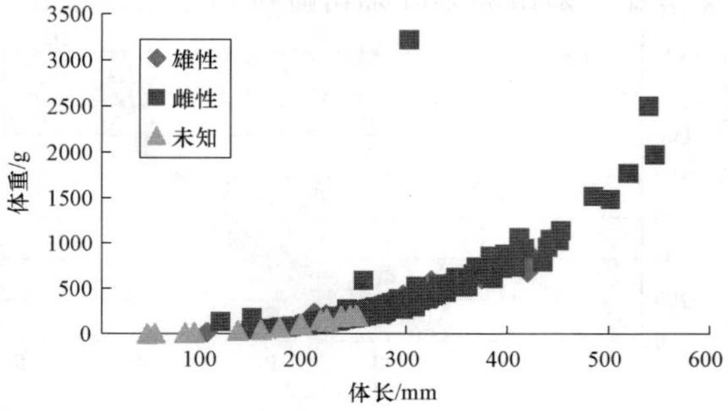

图3-31 尖裸鲤体长和体重关系

将雌雄个体分开进行生长曲线拟合，并对拟合曲线进行检验，$F=0.42$，$F_{0.05}=4.28$，$p>0.05$，雌雄生长之间不存在差异。因此，我们将雌雄个体一起进行拟合：$L_t=555.132\,8\times[1-\mathrm{e}^{-0.199\,7(t-0.685\,0)}]$，$Wt=2304.21\times[1-\mathrm{e}^{-0.199\,7(t-0.685\,0)}]^{3.050}$。生长拐点 $t_{IP}=\ln b/k+t_0=6.27$ 龄。

将 Von Bertalanffy 生长方程中 k、L_∞ 代入生长特征指数方程 $\phi=\lg k+2\lg L_\infty$，得到尖裸鲤的生长系数 $\phi=4.789\,2$。该结果表明，尖裸鲤的生长较相同地区相同海拔的其他裂腹鱼快。尖裸鲤的生长系数 $\phi=4.789\,2$，比错鄂裸鲤（$\phi=4.075\,9$）和色林错裸鲤（$\phi=4.214\,0$）大；个体生长到 500g，尖裸鲤需要 5～6 年，同是高原裂腹鱼属的错鄂裸鲤需要 18～19 年，色林错裸鲤则需要 14～16 年。然而，尖裸鲤的生长比内陆地区同为鲤科肉食性的鱼类慢。

5. 双须叶须鱼

根据实测数据，拟合双须叶须鱼体长（L）与体重（W）的关系式为（见图 3-32）：

总体：$W=3\times10^{-5}L^{2.824}$（$R^2=0.963$，$n=597$）

雄性：$W=6.375\,2\times10^{-6}L^{3.026\,1}$（$R^2=0.968\,8$，$n=215$）

雌性：$W=5.987\,2\times10^{-6}L^{3.032\,9}$（$R^2=0.986\,3$，$n=309$）

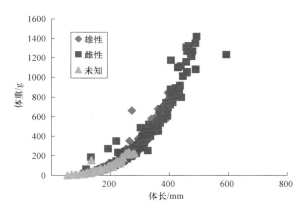

图 3-32　双须叶须鱼体长和体重关系

双须叶须鱼体重生长方程为：

雌性：$W_t=904.88\times[1-\mathrm{e}^{-0.119\,7(t+0.729\,6)}]^{3.032\,9}$

雄性：$W_t=1585.38\times[1-\mathrm{e}^{-0.089\,8(t+0.726\,1)}]^{3.026\,1}$

生长拐点 t_{IP} 即体重加速度为零时的年龄：$t_{IP}=\ln b/k+t_0$。将雌雄 VBGF 体重生长方程中的 b、k 和 t_0 分别代入上式，得出双须叶须鱼雌雄个体体重生长的拐点年龄分别为 11.6 龄和 8.5 龄。雌雄生长特征指数（ϕ）为 4.507 6 和 4.465 9，体重 500g 的雌雄个体分别需要 13.0 龄和 14.4 龄。

6. 拉萨裸裂尻鱼

根据实测数据，拟合拉萨裸裂尻鱼体重与体长的关系为（见图 3-33）：

总体：$W=1.61\times10^{-4}L^{2.563\,8}$（$R^2=0.892\,3$，$n=606$）

雄性：$W=9.09\times10^{-4}L^{2.249\,3}$（$R^2=0.824\,2$，$n=233$）

雌性：$W=2.59\times10^{-4}L^{2.478\,1}$（$R^2=0.912\,3$，$n=373$）

雌雄鱼的体重与体长的关系不存在显著性差异（$\chi^2 = 0.90$，$p < 0.05$）。

体重生长方程为：

雌性：$W_t = 1137.272\ 1 \times [1 - e^{-0.078\ 92(t-0.193\ 6)}]^{2.478\ 1}$

雄性：$W_t = 840.644\ 2 \times [1 - e^{-0.073\ 77(t+1.399\ 9)}]^{2.249\ 3}$

将雌雄 VBGF 体重生长方程中的 b、k 和 t_0 值分别代入方程 $t_{IP} = \ln b / k + t_0$ 中求得拉萨裸裂尻鱼雄性的生长拐点为 10.2 龄，雌性的生长拐点为 12.0 龄。拉萨裸裂尻鱼达到拐点年龄时的体长和体重分别为 254.5mm、242.1g（♂），315.5mm、328.9g（♀）。全部渔获物中小于生长拐点时的体长的占 84.8%，其中 70.8% 雄性个体、91.2% 的雌性个体小于生长拐点时的体长。

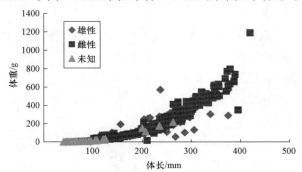

图 3-33　拉萨裸裂尻鱼体长和体重关系

7. 黑斑原鮡

以渔获物的实测体长和体重拟合得到黑斑原鮡体长与体重关系式如下（见图 3-34）：

雄性：$W = 3.71 \times 10^{-5} L^{2.837}$（$R^2 = 0.958$，$n = 83$）

雌性：$W = 3.99 \times 10^{-5} L^{2.835}$（$R^2 = 0.884$，$n = 96$）

黑斑原鮡体长生长方程如下：

雄性：$L = 415.589\ 2 \times [1 - e^{-0.045\ 51(t+4.762\ 2)}]$　　　$R^2 = 0.917$

雌性：$L = 296.951\ 5 \times [1 - e^{-0.077\ 12(t+4.092\ 8)}]$　　　$R^2 = 0.847$

将体长生长方程结合体长体重关系，得到体重生长方程如下：

雄性：$W = 992.130\ 9 \times [1 - e^{-0.045\ 51(t+4.762\ 2)}]^{2.836\ 7}$

雌性：$W = 406.035\ 2 \times [1 - e^{-0.077\ 12(t+4.092\ 8)}]^{2.835\ 0}$

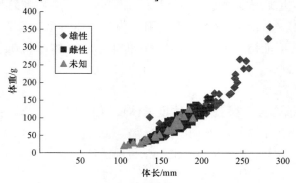

图 3-34　黑斑原鮡体长和体重关系

8. 黄斑褶鮡

黄斑褶鮡的资源量极低，关于其研究文献也较少。在 2004～2010 年的调查中，总共采集样本不足 10 尾，故没有进行其生长特性的分析。

3.2.4 繁殖特征

性腺的大小和重量变化是性腺发育过程中最重要的参数之一。GSI（Gonad Somatic Index）的变化反映了性腺发育的程度和鱼体能量在性腺和机体生长之间的分配比例的变化。

1. 异齿裂腹鱼

异齿裂腹鱼繁殖群体 GSI 与体长、体重无显著相关，但雌雄个体在不同性腺发育时期的成熟系数随季节的变化而变化（见图 3-35）。两性非成熟个体 GSI 在周年中的变化不明显，没有明显的规律，平均为 0.036%～1.615%。雌雄性成熟个体的 GSI 具有相似的变化趋势，即在只存在一个峰值，分别在 3 月和 5 月达到最高，6 月显著下降，到 8～9 月最低，雌性 10 月底开始回升，雄性 2 月开始回升。这与异齿裂腹鱼的繁殖时间是 4～5 月，个别个体的繁殖时间延续到 6 月上旬的实际情况相吻合。不同的是，雌性个体 GSI 在 3 月和 11 月有两次显著的升高，从 11 月到次年 3 月都保持在较高的水平上，解剖时发现部分雌性个体的卵巢已经到达Ⅳ期，而雄性个体则是在 2～4 月间显著升高，在较高水平上保持的时间较短。

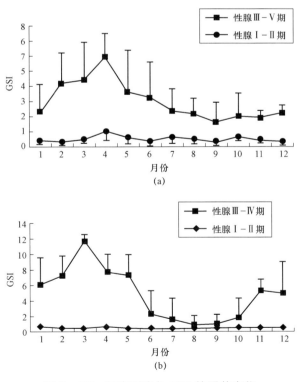

图 3-35　异齿裂腹鱼 GSI 的季节变化

（a）雄性；（b）雌性

性成熟的雌鱼和雄鱼在繁殖季节表现出明显的外形差异。性成熟的雄鱼进入繁殖季节后吻部开始出现珠星,刚出现时为乳白色,不规则地排列在吻前方及两侧。产卵盛期吻部珠星呈锥状,异常发达,之后随繁殖季节的结束,珠星变短变钝,直至最后完全消失。性成熟的雌鱼在繁殖前期腹部膨胀饱满,产卵盛期其生殖突突出,产卵后的雌鱼腹部松软,生殖突大而充血。在产卵期前后,轻轻挤压腹部后端,雄鱼流出白色精液,雌鱼流出黄色卵粒。

共调查解剖个体 437 尾,其中雄性 218 尾,雌性 177 尾,未知性别 42 尾,性比为 1.236：1（♂：♀）。能够辨别性别的个体中,雄性个体的体长范围为 203～432mm,体重范围为 113～1428g；雌性个体的体长范围为 195～484mm,体重范围为 122～1783g。雄性性成熟最小个体 5 龄,体长 233mm,体重 196.3g；雌性性成熟最小个体 8 龄,体长 323mm,体重 471.6g。繁殖群体中,雄性最大个体为 18 龄,体长 432mm,体重 1136g；雌性最大个体为 24 龄,体长 493mm,体重 1733g。

异齿裂腹鱼卵巢发育早期,卵粒大小不均一,无明显的大小分离。卵巢发育到第Ⅳ期,卵粒大小无明显区别,比较均一,平均卵径为（2.16±0.17）mm,最小值为 1.96mm,最大值为 2.45mm。经统计分析,卵径大小与体长、体重等无显著相关。因此认为,异齿裂腹鱼为一次性产卵的类型。

对 27 尾处于产卵期或产卵前期的成熟卵巢样品进行卵粒计数,结果表明,平均繁殖力为 16 833.59±3053.65,平均相对繁殖力为 15.35±1.19。绝对繁殖力有随着体长、体重、去内脏重和卵巢重的增长而增加的趋势,而相对繁殖力与体长、体重等无显著相关。

2. 巨须裂腹鱼

巨须裂腹鱼多于干支流敞水处活动。主要以底栖无脊椎动物为食,兼食部分着生藻类。据报道,5～6 月为繁殖期,在调查中发现,雅鲁藏布江中游的巨须裂腹鱼月在 5 月初开始繁殖,而在米林江段,巨须裂腹鱼的繁殖略早,产卵场多为水流平急的粗砾石质长滩。

共采集样本 295 尾,其中雄性个体 112 尾,雌性个体 127 尾,未鉴定出性别个体 56 尾,性比为 1：1.13（♂：♀）。最小性成熟个体雄性体长 223mm、体重 105g,雌性体长 212mm、体重 83g。

3. 拉萨裂腹鱼

拉萨裂腹鱼常在干流深处活动,以底栖水生无脊动物为主要食物,兼食着生藻类。3～4 月为产卵盛期,产卵场多为粗砾石质的流水长滩。

共采集样本 201 尾,其中雄性个体 100 尾,雌性个体 81 尾,未鉴定出性别个体 20 尾,雌、雄性比为 1：0.81（♂：♀）。最小性成熟个体雄性体长 252mm、体重 566g,雌性体长 286mm、体重 294g。

4. 尖裸鲤

尖裸鲤主要以其他鱼类及水生昆虫等为食,多在雅鲁藏布江中游及各大干支流的缓流水处活动,往往和拉萨裸裂尻鱼等小型鱼类协同分布,喜欢活动于急流滩下的缓水区,捕食溯滩鱼类。产卵场多为水流湍急的砾石滩。

尖裸鲤最小性成熟（Ⅳ期）个体为：雌性体长 332mm,体重 542g；雄性体长 210mm,

体重 226g；对应的年龄分别为 5 龄和 4 龄。

通过对性体指数分析，尖裸鲤的繁殖时期为 3 月末至 6 月。

5. 双须叶须鱼

双须叶须鱼多栖居于干支流砂石底质的洄水或缓流处，主要摄食水生无脊椎动物。繁殖季节为 3～4 月，产卵场位于砾石质的流水滩。

未到达性成熟的雌雄个体，在外部形态上没有明显的差异，性成熟的雌鱼和雄鱼在繁殖季节表现出明显的外形差异。进入繁殖期的雌雄性成熟个体的臀鳍均增厚，在雄鱼表现得更明显。雌鱼的臀鳍鳍条较雄鱼为长；雄鱼的背鳍基部比较长，背鳍第 2 和第 3 不分枝鳍条的皮膜间隔较宽，臀鳍的第 4 和第 5 分枝鳍条变硬，末端具有小钩，且最后一根鳍条从根部向后分叉成倒钩状。此外，在繁殖季节来临前，吻端和侧线上，特别在尾柄的两侧和臀鳍基部珠星呈锥状，异常发达，随繁殖季节的结束珠星变短变钝呈疣状，通常雄性个体上的珠星数目明显多于雌性。性成熟雌鱼在繁殖前期腹部饱满圆润，产卵盛期其生殖突突出，雄鱼生殖突较细较短，雌鱼则较粗较长。繁殖盛期亲鱼离水或轻轻挤压腹部后端，雄鱼流出白色精液，雌鱼流出淡黄色卵粒。产卵后的雌鱼腹部松软，生殖突大而充血，臀鳍因充血而泛红、肥厚。

通过统计渔获物中性腺发育处于 Ⅲ～Ⅵ 期的 448 尾雌雄标本，产卵群体的雌性全长为391～593mm，体重为 436.0～1422.0g。雄性全长 347.0～490mm，体重为 321.0～849.0g。繁殖群体雌雄性比为 1：0.89。

在所解剖的 551 尾标该试验中，雄性最小性成熟（Ⅳ 期精巢）个体全长 347mm，重321.1g，性体指数 4.90%，相应年龄为 8 龄。雌性最小性成熟（Ⅳ 期卵巢）个体的全长 391mm，重 436.0g，性体指数 0.83%，相应年龄为 11 龄。而全长小于 300mm，体重在 180.0g 以下，相应性腺重量 0.5g 左右的个体都处于 Ⅰ～Ⅱ 期精巢（卵巢）。产卵群体的雌性全长组成在391～593mm，体重在 436.0～1422.0g。雄性全长为 347～490mm，体重为 321.0～849.0g。繁殖群体中的占优势年龄组成为 19～32 龄。

鱼类初次性成熟个体的年龄及全长往往都有一定的范围，最小性成熟个体的年龄和全长仅仅代表了群体初次性成熟的年龄和全长的下限，并不能完整地反映群体的繁殖特征。根据双须叶须鱼性腺发育处于 Ⅰ、Ⅱ 和 Ⅲ 期（初次）与 Ⅲ（恢复）及 Ⅳ～Ⅵ 期个体在不同体长段的百分比组成适合逻辑回归（见图 3-36），经拟和求得参数 a 和 b 值。雌性 $P_L = 100/[1 + e^{(-0.063\,4L + 26.870\,6)}]$ ($R^2 = 0.994\,8$)，雌性初次性成熟全长 $L_{50} = 26.870\,6/0.063\,4 = 423.83$mm，相应年龄为 12.97 龄；雄性 $P_L = 100/[1 + e^{(-0.059\,1L + 23.205\,0)}]$ ($R^2 = 0.994\,8$)，初次性成熟全长 $L_{50} = 23.205\,0/0.059\,1 = 392.64$mm，相应年龄为 12.57 龄。

双须叶须鱼不同性腺发育时期的性体指数 GSI 年变化显著不同。雌雄个体全长分别在390mm 和 340mm 以下的性腺终年处于 Ⅱ 期，其 GSI 周年变化不明显，平均为 0.01%～0.49%。达性成熟的雌性 GSI 周年变化趋势见图 3-37。群体在 3 月性体指数最高为 14.49%，解剖发现性腺多处于 Ⅳ 期的中晚阶段；在 5 月、6 月和 7 月最低，6 月性体指数平均为 2.03%，但显著高于性腺处于 Ⅱ 期的成熟系数；7 月和 8 月开始逐渐回升，至 11 月雌性个体的 GSI已达 9.26%。雄性繁殖个体性体指数常年维持在较高的水平上，其 GSI 值在 4～8 月明显高于非繁殖季节，在 8 月性体指数最高达 11.57%。

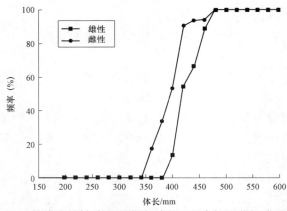

图 3-36 雌雄个体性腺不同发育时期不同全长百分组成回归曲线

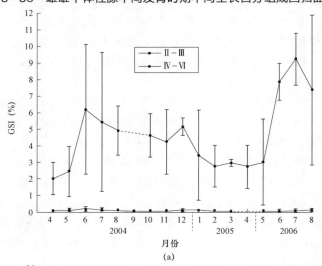

(a)

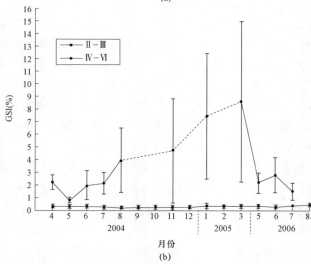

(b)

图 3-37 双须叶须鱼性体指数 GSI 的周年变化

（a）雄性；（b）雌性

从不同全长个体 GSI 的变化情况（见图 3-38）来看，卵巢发育处于 IV 期和 V 期的雌性 GSI 随全长的增加而增加，在全长 480~540mm 时达到最大，此后随全长的增加 GSI 而减小；而雄性 GSI 随全长的增加而增加，呈正相关（$GSI = 0.044\,7TL - 14.03$；$r = 0.483\,6$，$P < 0.001$，$n = 59$）。雌雄个体 GSI 值没有显著差异（$F = 0.029\,9$，$P = 0.999\,8$）。

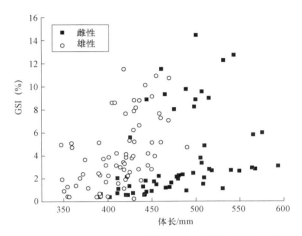

图 3-38　性腺发育处于 IV 和 V 期的双须叶须鱼 GSI 与体长的关系

6. 拉萨裸裂尻鱼

拉萨裸裂尻鱼主要分布在雅鲁藏布江中上游干支流，主要以着生藻类及无脊椎动物为食。

拉萨裸裂尻鱼的性体指数 GSI 周年变化见图 3-39。图中有两个波谷，分别为 6 月和 10 月，且 GSI 从 2 月开始明显下降，6 月份 GSI 值最低，10 月 GSI 值有所下降，但下降不明显，且在 11 月又开始上升，说明拉萨裸裂尻鱼的繁殖时期主要在 2~6 月，可能有部分个体在 10 月繁殖。

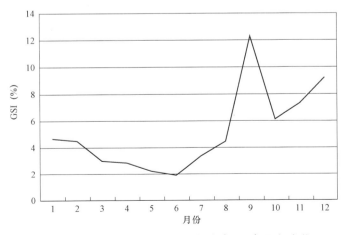

图 3-39　拉萨裸裂尻鱼性体指数（GSI）周年变化

拉萨裸裂尻鱼最小性成熟（Ⅳ期）个体为雌性：体长 229mm、体重 164g，雄性：体长 224mm、体重 155g，对应的年龄均为 8 龄。

7. 黑斑原鮡

黑斑原鮡栖居于沙底、水流缓慢的河流中，主食底栖无脊椎动物。5～6 月繁殖，在砂石底质的河道中产卵。

对 2004～2006 年采集于雅鲁藏布江拉萨河的 190 尾黑斑原进行了繁殖生物学研究。雄性最小性成熟（精巢Ⅳ期）个体体长 142mm，体重 45.2g，性体指数 1.09%；雌性最小性成熟（卵巢Ⅳ期）个体体长 147mm，体重 66.7g，性体指数 11.52%。相应年龄均为 5 龄。初次性成熟年龄（L50）：雄性，170mm，相应年龄为 7 龄；雌性，150mm，相应年龄 5 龄。通过组织切片法和 GSI 的周年变化分析，繁殖时间集中在 5～6 月，每年繁殖一次，繁殖之后的 6～8 月卵巢从Ⅵ期回复到Ⅲ期，9 月卵巢发育到Ⅳ期越冬。卵径频率分布显示，卵巢发育类型为分批同步型，卵巢中至少存在 2 批卵径，每年成熟一批卵并同时产出，产卵类型为完全同步产卵。卵黏性，成熟卵卵径为 2.04～3.37mm，平均（2.83±0.16）mm。对 19 尾产卵前夕（体长为 151～210mm）的标本进行统计，其绝对繁殖力范围在 525～2058 粒之间，平均为（1244±346）粒，相对繁殖力为（14.7±5.8）粒/g。绝对繁殖力与体长呈直线正相关，表达式为 $F=13.624L-1187$。

8. 黄斑褶鮡

黄斑褶鮡的资源量极低，在 2004～2010 年的调查中，总共采集样本不足 10 尾，无法进行其生殖及生物学特性的分析，关于其研究文献也较少。根据现场调查访问渔民了解，黄斑褶鮡栖息于沙底，水流缓慢的河流中，主食底栖无脊椎动物。一般在 3～5 月繁殖，在沙石底质的河道中产卵。

3.3 生 态 习 性

根据实际调查的样本数量，结合相关文献及资料，对构成藏木水电站坝址附近渔获物 99%以上的种类进行了生态习性的分析。

3.3.1 栖息类型

（1）底栖性鱼类。

1）急流浅滩类群。这些鱼类栖息于干流及支流上游的急流河段及多砾石的急滩，如黄斑褶鮡，它具有适应急流的胸鳍等特殊构造，常吸附于石块上生活，不好游动，受惊吓或转移栖息地点时，扇动胸鳍，并配合以尾鳍摆动，快速前进，有时可跃出水面，可上溯浅滩急流。

2）深水河槽类群。主要栖息于干流深水沱或河槽中，如异齿裂腹鱼、巨须裂腹鱼和拉萨裂腹鱼等。

3）缓流底栖类群。栖居于沙底、水流缓慢的河流中以及深潭中，如双须叶须鱼、拉萨裸裂尻鱼和黑斑原鮡等。

（2）水层栖息性鱼类。一般体呈纺锤形，反应迅速。如尖裸鲤。

3.3.2 食性

从食性上看，雅鲁藏布江中上游鱼类可以大致划分为4类：

（1）着生藻类食性。主要摄食着生藻类的，如裂腹鱼亚科的某些种类，它们的口裂较宽，近似横裂，下颌前缘多具有锋利的角质，适应于刮取生长于石块上的藻类的摄食方式。主要有拉萨裸裂尻、异齿裂腹鱼等。

（2）底栖动物食性。主要摄食底栖无脊椎动物，包括水生昆虫及幼虫、软体动物、寡毛类等。这一类群的鱼类口部常具有发达的触须或肥厚的唇，用以吸取食物。所摄取的食物，除少部分生长在深潭和缓流河段泥沙底质中的摇蚊科幼虫和寡毛类外，多数是急流的砾石河滩石缝间生长的毛翅目、翅目和蜉蝣目昆虫的幼虫或稚虫。这一类型的鱼类种类有双须叶须鱼、拉萨裂腹鱼、巨须裂腹鱼、黄斑褶鮡、黑斑原鮡等。

（3）鱼食性。主要捕食其他小型鱼类，这种类型的鱼类较少，仅尖裸鲤一种。

（4）杂食性。这些鱼类既摄食底栖动物、水生昆虫等动物性性饵料，也摄食藻类及植物的残渣、种子等植物性饵料。如裸鲤属中的高原裸鲤、兰格湖裸鲤等。

随着雅鲁藏布江外来鱼类的增多，鱼类食性进一步多样化，如滤食性的鲢鱼、鳙鱼，草食性的草鱼等。

3.3.3 繁殖习性

（1）产漂流性卵鱼类。产漂流性卵的鱼类，需要水流湍急的水流条件。这一类鱼卵本身属于沉性卵，其比重略大于水，但产出后卵膜吸水膨胀，在水流的外力作用下，鱼卵悬浮在水层中顺水漂流。孵化出的早期仔鱼，仍然要顺水漂流，待身体发育到具备较强的溯游能力后，才能游到浅水或缓流处停歇。雅鲁藏布江除外来种类如草鱼之外，没有产漂流性卵的鱼类。

（2）产黏性卵鱼类。沿岸带产黏性卵的鱼类多为小型鱼类，卵一般黏附在沿岸的水草、杂质等固定物体上。如鲤、鲫、鲇、马口鱼、泥鳅等。还有一类在急流滩上产黏性卵鱼类，包括黑斑原鮡、黄斑褶鮡等。

（3）产沉性卵鱼类。产沉性卵鱼类所产卵的卵径较大，卵膜吸水后膨胀小，产出的卵埋入砾石窝内或沉入砂石间隙内发育孵化。多为栖息于急流生境的种类，产卵行为的发生对水文条件有一定要求。鱼类产卵后，早期生活史阶段卵苗的成活率依赖于所黏沉浅滩的微生境。一方面，挟沙水流特别是汛期洪水，在浅滩处冲刷、侵蚀以及部分沙砾沉淀所形成的多种多样由砾石、洞穴、岩盘等多样的底质环境，为适应急流产黏沉性卵的鱼类提供了合适的鱼卵隐藏场所以及充足的幼鱼饵料资源；另一方面，处于鱼类的仔鱼期和稚鱼期的个体一般为浮游生活方式，它们对环境的适应性较弱，适宜的水文情势能够将这些早期幼苗集中于水流较缓的沿岸带，减少防止它们因抵抗水流冲击而耗费过多的能量，从而提高增加幼鱼的成活率。藏木水电站附近的裂腹鱼类为该种产卵类型。

3.3.4 重要生境

1. 产卵场

从鱼类的繁殖习性看，裂腹鱼类对产卵场环境要求并不严格。雅鲁藏布江裂腹鱼类卵多沉性，需要砾石、沙砾底质，鱼类产卵后，受精卵落入石砾缝中，在河流流水的不断冲动中顺利孵化，有的裂腹鱼可以在河滩的沙砾掘成浅坑，产卵于其中孵化。具体来说尖裸鲤、拉萨裂腹鱼、异齿裂腹鱼、巨须裂腹鱼多在石砾比较粗大、水流平急的地方繁殖，其产卵场多为水流浅急的卵石长滩，水深多在 3m 以内；拉萨裸裂尻鱼、双须叶须鱼、高原裸鲤多在水流较为平缓、沙砾较细小的水域产卵，其产卵场多为河流曲流、洄水湾或者支流汇口。

雅鲁藏布江中游符合裂腹鱼产卵条件的江段分布较多，它们的产卵场分布零散，河道中的心滩、卵石滩、分汊河道的回水湾及支流汇口等均是裂腹鱼类比较理想的产卵场所。坝址以上库区江段，河道比降大，水流湍急，底质多为岩基和乱石，适宜裂腹鱼繁殖的江段不多，除沃卡河口、个别水流稍缓的砾石滩等零星狭小区域有少量裂腹鱼繁殖外，绝大多数干流江段不适合裂腹鱼繁殖；坝下至米林宽谷以上峡谷江段，河谷较坝上江段宽，河道落差较小，滩潭交替，水流缓急相间，河道中的心滩、卵石滩和沙滩增多，符合裂腹鱼类产卵的场所较多，如距坝址下游 23km 左右的冷达乡附近沙砾江段和丝波绒曲支流汇口；宽谷江段是裂腹鱼繁殖的重要场所，特别是宽谷上段的米林宽谷，河道底质多为沉积的卵石、沙砾，水流平急，为裂腹鱼繁殖相对较为集中的水域。每当水温回升，鱼类从越冬场上溯至浅水区索饵，达到繁殖水温后，即上溯至就近符合条件的水域繁殖，繁殖时虽有集群的习性，但繁殖亲鱼并不过于集群，不会形成特别集中、规模庞大的产卵场。而且，由于宽谷段堆积物深厚，河床并不很稳定，每年产卵场的具体位置也是多变的，往往洪水季节过后，河道就会发生改变，原产卵场消失，但在附近又会有新的产卵场形成。

鲱科鱼类中的黑斑原鲱、黄斑褶鲱卵有微弱黏性，也需在砾石堆中孵化，产卵场多位于急流与缓流之间的区域，当地称之为"二道水"。它们的产卵场与裂腹鱼不同，多分布于干支流的峡谷江段及峡谷–宽谷的过渡江段，而且位置相对稳定。调查水域其产卵场主要分布在桑日～加查峡谷、朗县峡谷、日敏峡谷的河段滩、潭过渡水域。

2. 索饵场

3 月后，随着水温升高，来水量逐渐增大，鱼类开始"上滩"索饵。调查江段主要经济鱼类多是以着生藻类、底栖动物等底栖生物为主要食物的鱼类，浅水区光照条件好，砾石底质适宜着生藻类生长，往往是鱼类索饵的场所。拉萨裂腹鱼、异齿裂腹鱼、双须叶须鱼、巨须裂腹鱼和黑斑原鲱多在水浅流急的砾石滩索饵，而拉萨裸裂尻鱼、高原裸鲤则在水流平缓的曲流和洄水湾索饵。尖裸鲤为凶猛性鱼类，也多在洄水湾以及急流滩下的深水区索饵，这些水域一方面是溯滩鱼类栖息场所，另一方面也是拉萨裸裂尻等小型个体较为集中的水域，其饵料资源丰富，所以，尖裸鲤往往与拉萨裸裂尻协同分布。

鱼类育幼是鱼类生活史中一个非常关键的阶段，由于在仔幼鱼期间，其游泳能力差，主动摄食能力不强，抗逆性弱，因此，适宜的育幼环境是鱼类种群增长的必要条件。雅鲁藏布江峡谷、宽谷交替，呈一缩一放的河流格局，急流江段也往往滩潭交替，产卵场孵化的仔鱼随水流进入河流缓水深潭、洄水湾和宽谷河段育幼。特别是宽谷河段，宽谷上游峡谷段、支流和宽谷上游部分往往分布着鱼类产卵场，宽谷发辫状河道和发育的支流构成了复杂的河网江段，河面开阔，水流平缓，为仔幼鱼的索饵肥育创造了良好的条件。因此，宽谷江段往往具备雅鲁藏布江多数鱼类完成整个生命史的条件，在雅鲁藏布江中上游鱼类生境中具有重要的地位和作用。因此，尽管桑日至米林江段洄水区、缓流深潭均有数量较多的仔幼鱼索饵肥育，但调查河段鱼类最主要的育幼场所仍为米林、派镇宽谷段。

3. 越冬场

从区系成分上来看，雅鲁藏布江中游鱼类主要由鲤科的裂腹鱼亚科和鳅科的条鳅亚科中的高原鳅属组成，它们均为典型的冷水性种类，长期的生态适应和演化，使其具有抵御极低温水环境的能力，因而能在低温环境中顺利越冬。枯水期水量小，水位低，鱼类进入缓流的深水河槽或深潭中越冬，这些水域多为岩石底质，冬季水体透明度较高，着生藻类等底栖生物较为丰富，为其提供了适宜的越冬场所。因此，水位较深的主河道江段都是裂腹鱼类适宜越冬场所。而鳅科鱼类中的黑斑原鳅和黄斑褶鳅，迁移距离一般不长，它们的越冬场所往往在河道急流附近的深潭。

3.3.5 洄游习性

雅鲁藏布江在派镇以下即为著名的雅鲁藏布江大拐弯江段，河流纵比降陡，水流十分湍急，流速可达 16m/s，形成了鱼类分布的天然地理隔离带，中上游鱼类与下游鱼类种类组成差异非常明显，仅有黄斑褶鳅 1 种是共有的，中上游鱼类均为高原鱼类区系的种类，没有典型洄游性鱼类。雅鲁藏布江中上游位于海拔 3000m 以上，中上游、干支流鱼类种类组成差异不显著，鱼类迁移交流较为频繁。

以下从不同洄游目的来分析主要种类的洄游特性：

1. 生殖洄游

尖裸鲤、拉萨裂腹鱼、异齿裂腹鱼、巨须裂腹鱼多在石砾比较粗大、水流平急的地方繁殖，其产卵场多为水流浅急的卵石长滩，水深多在 3m 以内。

其中，拉萨裂腹鱼、异齿裂腹鱼和巨须裂腹鱼具有一定的短距离生殖洄游特点，一般每年的春季，裂腹鱼类的性腺逐渐发育成熟，而天然水温的升高给了这些鱼类产卵的信号，在到达各自的适宜温度后，它们陆续开始向上游上溯，寻找其产卵场进行产卵。拉萨裂腹鱼在 3 月下旬至 4 月为产卵旺期，异齿裂腹鱼在 4～5 月间产卵，巨须裂腹鱼在 5～6 月间产卵。

而黄斑褶鳅、黑斑原鳅则要到汛期开始，江水水温明显上升后的 5 月开始繁殖。根据调查，4 月底在米林江段黄斑褶鳅、黑斑原鳅雌体内性腺已发育至Ⅳ期，但还尚未产卵，产卵盛期为 5 月中旬。

2. 索饵洄游

尖裸鲤为凶猛性鱼类，因此，也多在洄水湾以及急流滩下的深水区索饵。这些水域既是溯滩鱼类栖息场所，也是拉萨裸裂尻鱼等小型个体较为集中的水域，其饵料资源丰富，所以，尖裸鲤往往与拉萨裸裂尻鱼协同分布。而这些鱼类的索饵场较为多见，不需要进行长距离的洄游。

3. 越冬洄游

进入枯水期后，水位较深的主河道江段都是裂腹鱼类适宜的越冬场所。这些鱼类迁移距离一般不长，往往在河道急流附近的主河道以及深潭越冬。

通过对主要种类洄游特性的分析可见，坝址江段分布的主要鱼类没有典型的洄游习性，部分在繁殖季节具有一定的趋流特性和短距离洄游特性，但多数鱼类在雅鲁藏布江中上游都有较为明显的迁移交流。

3.4　工程建设对鱼类的影响

3.4.1　阻隔效应

藏木水电站地处雅鲁藏布江桑日～加查峡谷出口段，其库区及上游河床深切，水流急湍，险滩和深潭交替，而且在藏嘎和大古段干流中有多处落差较大的跌水，其中规模最大的为董古都沟下游约 10km 的涅咔跌水（距离藏木水电站坝址约 18km）和上游 5km 的增跌水（距离藏木水电站坝址约 33km）。涅咔跌水在大古村东约 1km 附近，此处江面宽仅40m，江中一块巨大的圆石阻碍江水形成落差，冬季水位下降，江水从两侧溢流，形成 5～6m 高的跌水；夏季水位上涨，水从圆石顶部下泻，发出震耳欲聋的轰鸣声，落差可达 7～8m。增跌水也是一块巨石阻塞形成的，落差在 5m 以上。丰水期涅咔跌水、增跌水下深潭往往集聚大量鱼群，顶水上溯，甚至成群跃出水面，说明这两处较大跌水和区间的急流险滩对雅鲁藏布江干流中游鱼类上溯天然阻隔作用明显。

藏木水电站的建设将使本已被天然阻隔的桑日～加查峡谷河段鱼类生境更趋片段化，鱼类的上下迁移进一步受阻（特别是上溯）。

雅鲁藏布江中上游流域目前已建电站均位于支流，如拉萨河直孔电站、沃卡河三级电站等，干流连通性保持良好。藏木电站的建设，将对大坝上下游江段鱼类种群交流产生较大的阻隔影响。本电站坝前壅水高度 67m，鱼类上溯通道完全阻断；由于额定水头不高，并采用溢流坝泄洪，鱼类向下交流的通道并未完全阻隔。电站大坝阻隔后，坝上、坝下江段依然保留范围较大的由峡谷急流、宽谷缓流和大小支流组成的、能够满足雅鲁藏布江鱼类完成整个生命史的生境，这些鱼类均可在坝上、坝下江段维持较大种群，不会导致物种灭绝，其阻隔影响主要表现在种群间的种群遗传交流。

3.4.2　生境破碎化

藏木水电站的修建，使原有连续的河流生态系统被分隔成不连续的环境单元，易造成生境的破碎。生境破碎化使鱼类种群被分隔成相对独立的异质种群，当生境因破碎化而萎缩时，其生物承载量减小，残留种群减小，稳定性降低，易受偶发环境因素的影响而剧烈变动，甚至可能造成鱼类种群从局部河段消失。

3.4.3　水文情势变化

藏木水电站建成运行后，原为峡谷急流生境的库区河段将成为藏木水库库区，水面变宽，流速变缓、水深增加、河流的水动力学过程发生了较大的变化。库尾街需以上河段依然保持原天然河流，具有河流水文水动力学特征；坝前水域水深、面阔，水流缓，呈现湖泊水动力学特征；水库中间水域间于河流段和湖泊段，属于过渡段。

水文情势变化后，库区鱼类种类组成将由"河流相"逐步演变成为"湖泊相"。库区江段原来适应于底栖急流、砾石、洞穴、岩盘底质环境中生活繁衍的鱼类，将逐渐移向干流库尾上游或进入主要支流，在库区干流的数量将减少，这些鱼类主要有条鳅亚科的高原鳅属如细尾高原鳅、异尾高原鳅、短尾高原鳅等，鮡科鱼类如黑斑原鮡及裂腹鱼亚科的一些喜流水性种类如尖裸鲤、拉萨裂腹鱼、异齿裂腹鱼等。而适应于缓流或静水环境生活的鱼类，种类数量将上升，并有可能成为库区的优势物种。

根据对西藏满拉水库、直孔水库调查，拉萨裸裂尻、双须叶须鱼在水库均有种群分布，尤其是拉萨裸裂尻在直孔水库种群数量较大，在库湾一网捕获 42 尾，共计 17kg。藏木电站运行后，水库中原有的拉萨裸裂尻、双须叶须鱼等能适应缓流或静水环境生活的鱼类，种群数量将上升。特别是拉萨裸裂尻鱼，其种群数量可能会有明显的增长。

藏木水电站 6～10 月丰水期按排沙运用水位运行，上游来水量大，库容小，库区河面狭窄，整个库区呈深水河道特征，流水性鱼类将仍会在库区出现，特别是裂腹鱼类。坝下江段在 6～10 月丰水期的水文情势与天然状况基本一致，不会对下游江段鱼类产生影响。

藏木水电站 11 月至次年 5 月按带基荷日调节运行，坝下江段水位、水量日变幅相对较大，近坝河段所受冲击较大，但随着各支流的汇入，水文情势的变化逐渐减缓。在雅鲁藏布江中游主要经济鱼类中，裂腹鱼类的繁殖主要利用 3～4 月的桃花汛产卵。由于桃花汛来水不大，水位涨落较小，按电站设计带基荷日调节运行方式，以不低于 100m³/s 的方式下泄景观生态流量，坝下江段桃花汛情势将有所改变，特别是电站调峰运行形成的非恒定流将部分破坏这些鱼类繁殖所需水文水力学条件，导致部分鱼类繁殖受限，上述影响主要集中于坝址—加查附近江段。鉴于尼洋河汇口以上江段分布有众多裂腹鱼产卵场，藏木水电站平枯期运行影响的近坝江段产卵场所占比例较小，且离大坝越远影响越小，因此总体上本电站平枯期运行对下游裂腹鱼影响不大。

3.4.4　水质、饵料变化

藏木水电站运行后，库区水面变宽，水流变缓，营养物质滞留，透明度升高，有利于浮游生物的繁衍，浮游植物、浮游动物种类和现存量均会明显增加，水体生物生产力提高，有利于仔幼鱼和缓流或静水性鱼类的生长。底栖动物中原有流水性种类减少，静水或微流水的水蚯蚓、摇蚊幼虫种类和数量将会增加，静水、沙生的软体动物也可能会出现，对静水、缓流的底层鱼类生长、发育有利，但流水性鱼类饵料资源会明显下降。库区鱼类饵料结构发生较大变化后，鱼类资源的种类结构也相应发生变化，流水性鱼类向库尾以上及支流迁移，在库区中的资源量会明显下降，库区以浮游生物为食的缓流、静水性鱼类比例升高，库区总渔产量会有所增加。

由于电站6～10月丰水期按排沙运行水位运行，坝下水文情势的变化不大，水质与上游来流近似，变化较小，其饵料生物资源的种类组成以及现存量与原天然河道接近，对鱼类资源的影响也较小。11月至翌年5月，电站带基荷日调节运行，近坝江段水位频繁波动，底栖动物、着生藻类等水生生物繁衍空间萎缩，总生物量将下降，但随着支流的汇入和河道的延伸，上述影响将逐渐减小至消失，总体上不会改变下游鱼类资源量。

3.5 过鱼基本参数研究

3.5.1 过鱼对象选取

1. 选择依据

选择过鱼对象时，应满足以下条件：

（1）工程上游及下游均有分布或工程运行后有潜在分布可能的鱼类。

（2）工程上游或下游存在其重要生境的鱼类。

（3）洄游或迁徙路线经过工程断面的鱼类。

依据现代生态学理论，过鱼设施所需要考虑的鱼类不仅仅是洄游鱼类，空间迁徙受工程影响的所有鱼类都应是过鱼设施需要考虑的过鱼对象。但过鱼设施的结构和布置很难做到同时对所有鱼类都有很好的过鱼效果，因此在设计过鱼设施时，按以下原则优先选择过鱼对象：

（1）具有洄游及江湖洄游特性的鱼类。

（2）受到保护的鱼类。

（3）珍稀、特有及土著、易危鱼类。

（4）具有经济价值的鱼类。

（5）其他具有迁徙特征的鱼类。

2. 过鱼对象

根据鱼类资源现状以及其生物学、生态学特点，工程河段分布鱼类可分为四类：第一类，异齿裂腹鱼、巨须裂腹鱼和拉萨裂腹鱼，它们具有一定的短距离生殖洄游习性，在繁殖季节对流水生境具有一定的趋向性，并且资源量较大，受工程阻隔影响最大，从保护其溯游路线和不同种群间基因交流的角度应作为本工程的主要过鱼对象；第二类，尖裸鲤，它在坝址附近资源量较低，但为自治区一级保护动物，从促进交流和物种保护的角度而言，将其作为兼顾过鱼种类；第三类，双须叶须鱼和拉萨裸裂尻鱼，它们属定居性种类，且资源量较大，受水电站影响较小，但为兼顾其坝上坝下基因交流将其列为兼顾过鱼对象；第四类，如黑斑原鮡和黄斑褶鮡，它们在坝址处分布极少，其虽然可以适应急流生境，但对急流生境没有特殊的趋向性，从促进交流和物种保护的角度将其列入兼顾过鱼对象。这些鱼类构成了工程江段渔获物的99%以上，其他鱼类均为罕见种类，不作为鱼道主要过鱼对象。过鱼对象选择结果详见表3-4。

表 3-4　　　　　　　　　　　　过 鱼 对 象 选 择 结 果

过鱼对象	鱼类	资源量	迁移需求	洄游动机	保护级别
主要过鱼对象	异齿裂腹鱼	＋＋＋	＋＋＋	生殖洄游 基因交流	
	巨须裂腹鱼	＋＋＋	＋＋＋	生殖洄游 基因交流	
	拉萨裂腹鱼	＋＋	＋＋＋	生殖洄游 基因交流	
兼顾过鱼对象	尖裸鲤	＋	＋	基因交流	自治区一级
	双须叶须鱼	＋＋	＋	基因交流	
	拉萨裸裂尻鱼	＋＋＋	＋	基因交流	
	黑斑原鮡	＋	＋	基因交流	
	黄斑褶鮡	＋	＋	基因交流	
	其他鱼类	＜1%			

注：＋＋＋—多见/大；＋＋—常见/一般；＋—少见/小。

3.5.2　过鱼季节研究

1. 选择依据

具有生殖洄游习性的鱼类在性成熟之后，在春季水温上升时，一般溯河上溯至具有其产卵条件的产卵场进行繁殖，所以对于生殖洄游的鱼类，其过鱼季节和繁殖时间息息相关，可以根据鱼类性成熟即 GSI 指数来判断主要过鱼季节。

2. 过鱼季节

根据主要过鱼对象及兼顾过鱼对象的繁殖习性，综合确定了本鱼道的主要过鱼季节和兼顾过鱼季节，分别是 3~6 月和 2~10 月，见表 3-5。

表 3-5　　　　　　　　　　　　过 鱼 季 节 选 择

过鱼对象	月份											
	1	2	3	4	5	6	7	8	9	10	11	12
异齿裂腹鱼				■	■							
巨须裂腹鱼					■	■						
拉萨裂腹鱼			■	■								
尖裸鲤				▨	▨	▨						
双须叶须鱼				▨	▨	▨	▨					
拉萨裸裂尻鱼		▨	▨	▨	▨	▨	▨	▨	▨	▨		
黑斑原鮡				▨	▨	▨						
黄斑褶鮡				▨	▨	▨						
过鱼季节	1	2	3	4	5	6	7	8	9	10	11	12

注：■ 主要过鱼季节，▨ 兼顾过鱼季节。

3.5.3 过鱼对象规格

1. 确定依据

过鱼设施设计目标为帮助几种具有短距离生殖洄游习性的鱼类上溯，应尽可能保证所有主要过鱼对象最小性成熟个体的通过，因此，过鱼的最小规格应取过鱼对象的最小性成熟个体体长，最大规格取过鱼对象的最大体长。

2. 过鱼的对象规格

根据主要过鱼对象的生长和繁殖规律，分析出过鱼对象的体长规格，见表 3-6。

表3-6 过鱼对象的体长规格

过鱼对象		常规体长/mm	最小性成熟个体体长/mm	最大体长/mm	主要过鱼尺寸/mm
主要过鱼对象	异齿裂腹鱼	200~450	233	500	233~500
	巨须裂腹鱼	170~290	212	450	212~450
	拉萨裂腹鱼	190~350	252	600	252~600
兼顾过鱼对象	尖裸鲤	200~350	210	600	210~600
	双须叶须鱼	200~400	347	400	347~400
	拉萨裸裂尻鱼	150~300	224	350	224~350
	黑斑原鮡	140~220	142	300	142~300
	黄斑褶鮡	120~180	约150	220	150~220

注：最大个体体长主要参照渔民调查问卷结果，常规体长为主要鱼获物体长分布范围。

3.5.4 过鱼规模研究

鱼道的过鱼规模主要根据其过鱼对象的过鱼目的和工程河段分别鱼类的资源量估算确定，但目前国内暂未有成熟的计算方法。

调研表明，国外鱼道（尤其是欧美地区）过鱼对象一般为鳟鲑鱼类，属典型洄游性鱼类，多采用断面采集法首先估算坝下需要通过的鱼类总量，然后以尽可能确保全部鱼类通过过鱼设施为目标。但实际监测结果表明，鱼道对目标鱼类通过率变化幅度很大，一般在1%~70%。在我国，鱼道的过鱼对象大多为非典型洄游鱼类，并不需要所有鱼类成功上溯才能保证其生存。针对本鱼道工程，总体过鱼目的是实现坝址上下游鱼类种质资源基因交流及保证鱼类洄游通道的畅通，为达到此目的，少量鱼类通过鱼道即可达到丰富上游或下游的鱼类基因库，防止种质退化的目的。

对于鱼类资源量估算，由于鱼类分布的随机性以及网具对鱼类的选择性，目前针对天然水体中鱼类资源的计算尚没有非常准确的方法；尤其是针对急流型河段，一些标记回捕和声呐探测手段也较难实施，因此无法精确掌握工程河段的鱼类资源量。

　　考虑到藏木鱼道工程难以准确论证过鱼数量，且工程主要为实现坝址上下游鱼类种质资源基因交流及保证鱼类洄游通道畅通为建设任务等因素，过鱼规模对鱼道设计不构成制约。计划在鱼道运行期间，加强鱼道过鱼数量和过鱼效率的科研工作，为同类工程过鱼规模的确定提供借鉴和参考。

工程影响河段鱼类游泳能力测试研究

4.1 测试内容与地点

本书共进行两次试验，第一次试验时间为 2010 年 11 月 20 日至 2010 年 12 月 25 日。在确定了主要过鱼目标的基础上，2011 年 6 月 7～27 日又针对主要过鱼目标进行了补充试验。

为全面研究主要过鱼对象的游泳能力，该试验测试了鱼类的趋流特性及克流能力。主要测试指标为感应流速、临界游速、突进游速和持续游泳时间。

同时，对兼顾过鱼对象也进行了感应流速、临界游速和突进游速的测定。测试项目情况见表 4-1。

表 4-1   测 试 项 目 情 况

过鱼对象		测试指标				备注
		感应流速	耐久游泳速度		突进游速	
			临界流速	持续游泳时间		
主要过鱼对象	异齿裂腹鱼	☆★	☆★	☆★	☆★	
	巨须裂腹鱼	☆★	☆★	☆★	☆★	
	拉萨裂腹鱼	☆★	☆★	☆★	☆★	
兼顾过鱼对象	尖裸鲤	☆	☆		☆	
	双须叶须鱼	☆	☆		☆	
	拉萨裸裂尻鱼	☆	☆		☆	
	黑斑原鮡					没有采集到样本
	黄斑褶鮡					

注：☆—2010 年测试项目；★—2011 年补充测试项目。

测试地点选取在西藏自治区山南地区加查县、桑日县，临近江边的位置。

4.2　测　试　方　法

4.2.1　感应流速

在该试验中,将暂养24h后的试验鱼按照头部指向测试水槽顺流方向放置于游泳能力测试水槽中,在静水中适应1h,然后逐步调大测试段中的流速,时间间隔为30s,每次流速升高0.01m/s。同时观察鱼的游泳行为,直至试验鱼掉转方向逆流游动,此时的流速作为试验鱼的感应流速。

4.2.2　临界游速

该试验中,临界游速采用"递增流速法"。

试验前将单尾试验鱼放入测试段中(用盆带水转移,以减少对鱼的影响),在低流速(0.5BL/s)下适应1h以消除转移过程对鱼体的胁迫。然后逐步调大测试段中的流速,时间间隔为20min,每次流速升高1BL/s。同时观察鱼的游泳行为,直至试验鱼疲劳无法继续游动,此时结束试验,记录游泳时间。摄像机全程记录测试过程。

测试完成后,记录鱼体长、全长、体重、损伤状况等值;记录水槽水温、溶氧等参数。

临界游速计算公式:

$$U_{crit} = V_p + (t_f/t_i)V_i$$

式中:V_i为增速大小;V_p为鱼极限疲劳的前一个水流速度;t_f为上次增速到达极限疲劳的时间;t_i为两次增速的时间间隔。

4.2.3　突进游速

该试验中,突进游速也采用"递增流速法"。与临界游速测试方法基本一致,只是将流速提升时间间隔改为20s。

突进游速计算公式与临界游速计算公式一致。

4.2.4　持续游泳时间

在该试验中,将暂养24h后的试验鱼放置于游泳能力测试水槽中,在流速为0.5BL/s中适应1h,然后以每10s增加0.1m/s逐渐调大测试段中的流速达到预先设定的流速值(0.8m/s、1.0m/s、1.2m/s),观察鱼的游泳行为,直至试验鱼疲劳无法继续游动,此时结束试验,记录游泳时间。

4.3　测试结果及分析

4.3.1　首次测试结果(2010年11~12月)

1．感应流速

(1)异齿裂腹鱼。试验中试验鱼体长范围为0.26~0.41m,测试水温为4.7~5.4℃。

测得其感应流速范围为 0.06～0.13m/s，平均值为 0.10m/s。相对感应流速为 0.25～0.36BL/s，平均为 0.32BL/s。由图 4-1 和图 4-2 可见，随着体长的增加，感应流速有增大趋势。

（2）巨须裂腹鱼。该试验中试验鱼体长范围为 0.12～0.33m，测试水温为 6～6.7℃。测得其感应流速范围为 0.04～0.13m/s，平均值为 0.08m/s。相对感应流速为 0.28～0.42BL/s，平均为 0.33BL/s。由图 4-3 和图 4-4 可见，随着体长的增加，感应流速随之增大，相对感应流速与体长关系不显著。

（3）拉萨裂腹鱼。由于样本数量限制，该试验共测试 7 尾试验鱼，体长范围为 0.18～0.44m，测试水温为 4.2～5.1℃。测得其感应流速范围为 0.07～0.17m/s，平均值为 0.12m/s。相对感应流速为 0.32～0.43BL/s，平均为 0.38BL/s。由图 4-5 和图 4-6 可见，随着体长的增加，感应流速随之增大，相对感应流速相对稳定，与体长关系不显著。

（4）尖裸鲤。该试验中试验鱼体长范围为 0.20～0.31m，测试水温为 4.5～5.3℃。测得其感应流速范围为 0.05～0.10m/s，平均值为 0.06m/s。相对感应流速为 0.23～0.28BL/s，平均为 0.25BL/s。由图 4-7 和图 4-8 可见，随着体长的增加，感应流速随之增大，相对感应流速与体长关系不显著。

（5）双须叶须鱼。该试验中试验鱼体长范围为 0.19～0.34m，测试水温为 5.8～6.5℃。测得其感应流速范围为 0.05～0.10m/s，平均值为 0.07m/s。相对感应流速为 0.24～0.34BL/s，平均为 0.30BL/s。由图 4-9 和图 4-10 可见，随着体长的增加，感应流速随之增大，相对感应流速与体长关系不显著。

（6）拉萨裸裂尻鱼。该试验中试验鱼体长范围为 0.16～0.29m，测试水温为 6.5～7.5℃。测得其感应流速范围为 0.05～0.08m/s，平均值为 0.07m/s。相对感应流速为 0.23～0.34BL/s，平均为 0.30BL/s。由图 4-11 和图 4-12 可见，随着体长的增加，感应流速随之增大，相对感应流速与体长关系不显著。

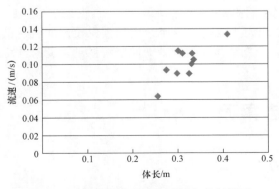

图 4-1　异齿裂腹鱼感应流速与体长关系

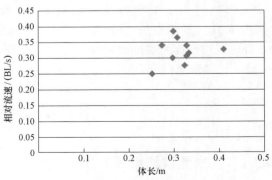

图 4-2　异齿裂腹鱼相对感应流速与体长关系

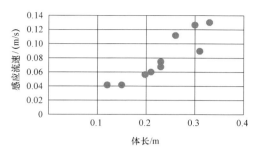

图 4-3　巨须裂腹鱼感应流速与体长关系

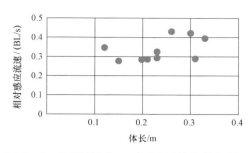

图 4-4　巨须裂腹鱼相对感应流速与体长关系

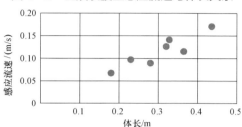

图 4-5　拉萨裂腹鱼感应流速与体长关系

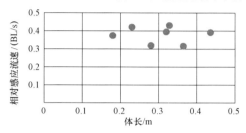

图 4-6　拉萨裂腹鱼相对感应流速与体长关系

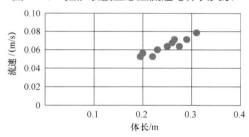

图 4-7　尖裸鲤感应流速与体长关系

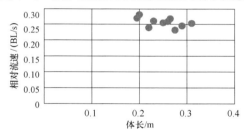

图 4-8　尖裸鲤相对感应流速与体长关系

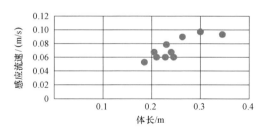

图 4-9　双须叶须鱼感应流速与体长关系

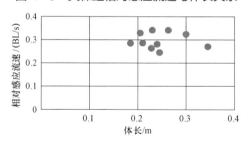

图 4-10　双须叶须鱼相对感应流速与体长关系

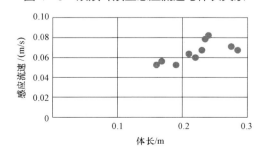

图 4-11　拉萨裸裂尻鱼感应流速与体长关系

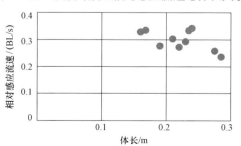

图 4-12　拉萨裸裂尻鱼相对感应流速与体长关系

2. 临界游速

（1）异齿裂腹鱼。该试验中试验鱼体长范围为0.21～0.41m，测试水温为4.7～5.7℃。测得其临界游速范围为0.77～1.29m/s，平均值为0.98m/s。相对临界游速为2.60～3.80BL/s，平均为3.16BL/s。由图4-13和图4-14可见，随着体长的增加，临界游速逐渐增大，而相对临界游速呈一定下降趋势。

（2）巨须裂腹鱼。该试验中试验鱼体长范围为0.12～0.33m，测试水温为6～6.7℃。测得其临界游速范围为0.78～1.22m/s，平均值为0.96m/s。相对临界游速为3.03～6.67BL/s，平均为4.21BL/s。由图4-15和图4-16可见，随着体长的增加，临界游速逐渐增大，而相对临界游速呈一定下降趋势。

（3）拉萨裂腹鱼。由于样本数量限制，该试验共测试7尾试验鱼，体长范围为0.18～0.46m，测试水温为6～6.7℃。测得其临界游速范围为0.68～1.30m/s，平均值为0.95m/s。相对临界游速为2.80～3.76BL/s，平均为3.17BL/s。由图4-17和图4-18可见，随着体长的增加，临界游速逐渐增大，相对临界游速大多在3.0～3.5BL/s之间。

（4）尖裸鲤。该试验中试验鱼体长范围为0.21～0.30m，测试水温为4.2～4.9℃。测得其临界游速范围为0.51～0.88m/s，平均值为0.73m/s。相对临界游速为2.28～4.09BL/s，平均为2.94BL/s。由图4-19和图4-20可见，临界游速与体长关系不显著，相对感应流速与体长关系亦不显著。

（5）双须叶须鱼。该试验中试验鱼体长范围为0.20～0.35m，测试水温为5.8～6.5℃。测得其临界游速范围为0.67～0.91m/s，平均值为0.80m/s。相对临界游速为2.59～4.03BL/s，平均为3.34BL/s。由图4-21和图4-22可见，临界游速与体长关系不显著，相对感应流速与体长关系亦不显著。

（6）拉萨裸裂尻鱼。该试验中试验鱼体长范围为0.18～0.30m，测试水温为6.5～7.5℃。测得其临界游速范围为0.54～1.29m/s，平均值为0.74m/s。相对临界游速为2.50～4.99BL/s，平均为3.35BL/s。由图4-23和图4-24可见，临界游速与体长的关系以及相对临界游速与体长的关系均不显著。

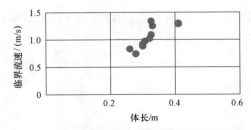

图4-13 异齿裂腹鱼临界游速与体长关系

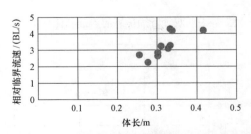

图4-14 异齿裂腹鱼相对临界游速与体长关系

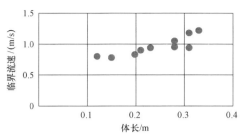

图 4-15　巨须裂腹鱼临界游速与体长关系

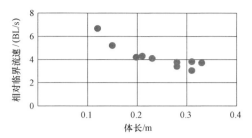

图 4-16　巨须裂腹鱼相对临界游速与体长关系

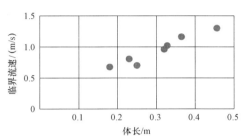

图 4-17　拉萨裂腹鱼临界游速与体长关系

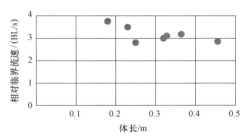

图 4-18　拉萨裂腹鱼相对临界游速与体长关系

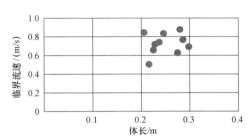

图 4-19　尖裸鲤临界游速与体长关系

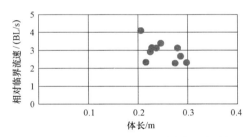

图 4-20　尖裸鲤相对临界游速与体长关系

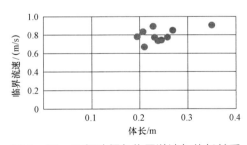

图 4-21　双须叶须鱼临界游速与体长关系

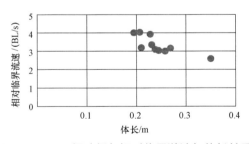

图 4-22　双须叶须鱼相对临界游速与体长关系

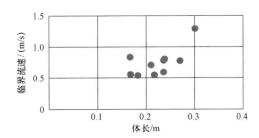

图 4-23　拉萨裸裂尻鱼临界游速与体长关系

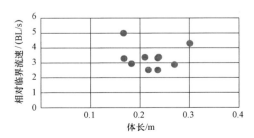

图 4-24　拉萨裸裂尻鱼相对临界游速与体长关系

3. 突进游速

（1）异齿裂腹鱼。该试验中试验鱼体长范围为 0.24～0.42m，测试水温为 5.0～5.8℃。测得其突进游速范围为 1.02～1.59m/s，平均值为 1.27m/s。相对突进游速为 3.10～4.75BL/s，平均为 4.02BL/s。由图 4-25 和图 4-26 可见，随着体长的增加，突进游速逐渐增大，而相对突进游速大多在 3.5～4.5BL/s 之间，与体长之间关系不显著。

（2）巨须裂腹鱼。该试验中试验鱼体长范围为 0.13～0.33m，测试水温为 5.3～6.1℃。测得其突进游速范围为 0.90～1.50m/s，平均值为 1.21m/s。相对突进游速为 4.23～6.82BL/s，平均为 5.28BL/s。由图 4-27 和图 4-28 可见，随着体长的增加，突进游速逐渐增大，而相对突进游速有下降的趋势。

（3）拉萨裂腹鱼。由于可获得样本数量限制，该试验共测试 7 尾试验鱼，体长范围为 0.18～0.44m，测试水温 5.9～6.6℃。测得其突进游速范围为 0.95～1.52m/s，平均值为 1.17m/s。相对突进游速为 3.61～5.39BL/s，平均为 4.02BL/s。由图 4-29 和图 4-30 可见，随着体长的增加，突进游速逐渐增大，而相对突进游速有下降的趋势。

（4）尖裸鲤。该试验中试验鱼体长范围为 0.20～0.29m，测试水温 5.2～6.0℃。测得其突进游速范围为 1.07～1.73m/s，平均值为 1.35m/s。相对突进游速为 4.97～7.74BL/s，平均为 5.67BL/s。由图 4-31 和图 4-32 可见，随着体长的增加，突进游速变化不大，而相对突进游速有下降的趋势。

（5）双须叶须鱼。该试验中试验鱼体长范围为 0.20～0.35m，测试水温 5.8～6.5℃。测得其突进游速范围为 0.98～1.33m/s，平均值为 1.14m/s。相对突进游速为 3.34～6.35BL/s，平均为 4.54BL/s。由图 4-33 和图 4-34 可见，随着体长的增加，突进游速逐渐增大，而相对突进游速有下降的趋势。

（6）拉萨裸裂尻鱼。该试验中试验鱼体长范围为 0.16～0.30m，测试水温 6.5～7.5℃。测得其突进游速范围为 1.00～1.65m/s，平均值为 1.22m/s。相对突进游速为 3.38～7.44BL/s，平均为 5.62BL/s。由图 4-35 和图 4-36 可见，随着体长的增加，突进游速变化不大，而相对突进游速有下降的趋势。

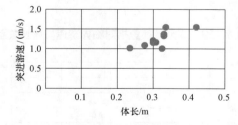

图 4-25　异齿裂腹鱼突进游速与体长关系

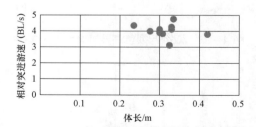

图 4-26　异齿裂腹鱼相对突进游速与体长关系

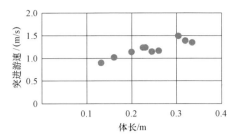

图 4-27 巨须裂腹鱼突进游速与体长关系

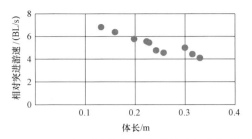

图 4-28 巨须裂腹鱼相对突进游速与体长关系

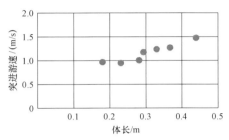

图 4-29 拉萨裂腹鱼突进游速与体长关系

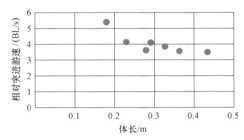

图 4-30 拉萨裂腹鱼相对突进游速与体长关系

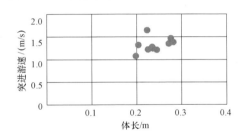

图 4-31 尖裸鲤突进游速与体长关系

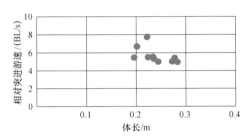

图 4-32 尖裸鲤相对突进游速与体长关系

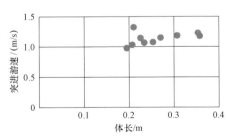

图 4-33 双须叶须鱼突进游速与体长关系

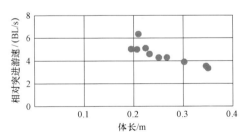

图 4-34 须叶须鱼相对突进游速与体长关系

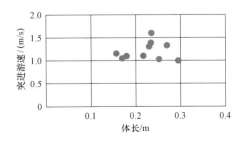

图 4-35 拉萨裸裂尻鱼突进游速与体长关系

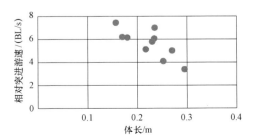

图 4-36 拉萨裸裂尻鱼相对突进游速与体长关系

4. 持续游泳时间

（1）异齿裂腹鱼。该试验中试验鱼体长范围为 0.23～0.38m，测试水温为 7.5～13.8℃。试验鱼分为 0.20～0.30m 以及 0.30～0.40m 2 个体长组进行试验，试验结果见表 4-2 和表 4-3。

表 4-2　　　　　　　　异齿裂腹鱼的持续游泳时间（0.2～0.3m）

序号	设定流速/（m/s）	体长/mm	体重/g	持续时间	温度/℃
1		240	210	>60′	8.0
2	0.8	245	191	>60′	7.8
3		280	390	>60′	7.9
4		230	213	19′40″	8.1
5	1.0	235	196	15′04″	8.7
6		285	367	19′43″	8.8
7		235	216	10′16″	7.5
8	1.2	260	284	11′42″	7.6
9		290	407	15′45″	8.2

表 4-3　　　　　　　　异齿裂腹鱼的持续游泳时间（0.3～0.4m）

序号	设定流速/（m/s）	体长/mm	体重/g	持续时间	温度/℃
1		350	589	>60′	13
2	0.8	350	593	>60′	12.6
3		370	776	>60′	13
4		330	529	33′36″	8.8
5	1.0	340	576	25′37″	8.8
6		340	587	25′40″	8.8
7		350	680	15′17″	13.4
8	1.2	360	772	12′18″	13.8
9		380	813	11′42″	13

由图 4-37 可见，流速在 0.8m/s 时，2 个体长组的鱼类游泳时间均超过 60min；流速在 1m/s 时，2 个体长组的游泳时间出现区别，体长较大的试验鱼游泳时间较长；在流速达到 1.2m/s 时，2 个体长组的试验鱼游泳时间均大幅减小，但大体长组游泳时间仍大于小体长组。

（2）巨须裂腹鱼。该试验中试验鱼体长范围为 0.22～0.34m，测试水温为 8.1～12.8℃。试验鱼分为 0.20～0.30m 以及 0.30～0.40m 2 个体长组进行试验，试验结果见表 4-4 和表 4-5。

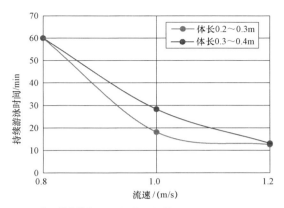

注：持续游泳＞60min以60min计。

图 4-37　异齿裂腹鱼不同体长组持续游泳时间

表 4-4　　　　　　　　巨须裂腹鱼的持续游泳时间（0.2～0.3m）

序号	设定流速/（m/s）	体长/mm	体重/g	持续时间	温度/℃
1		230	214	＞60′	10.9
2	0.8	235	179	＞60′	11.2
3		270	312	＞60′	11.7
4		220	158	18′49″	7.7
5	1.0	230	220	20′28″	8.1
6		230	211	21′28″	8.2
7		225	162	7′38″	9.4
8	1.2	248	221	12′48″	9.5
9		285	302	15′37″	9.9

表 4-5　　　　　　　　巨须裂腹鱼的持续游泳时间（0.3～0.4m）

序号	设定流速/（m/s）	体长/mm	体重/g	持续时间	温度/℃
1		310	423	＞60′	8.1
2	0.8	320	548	＞60′	8.6
3		330	555	＞60′	8.8
4		330	552	31′26″	10.6
5	1.0	340	546	30′16″	10.8
6		340	576	27′49″	11.4
7		300	419	10′13″	12.8
8	1.2	330	529	9′21″	12.5
9		380	734	15′38″	12.6

由图 4-38 可见，流速在 0.8m/s 时，2 个体长组的鱼类游泳时间均超过 60min；流速在 1m/s 时，2 个体长组的游泳时间出现区别，体长较大的试验鱼游泳时间较长；在流速达

到 1.2m/s 时，2 个体长组的试验鱼游泳时间均大幅减小，但大体长组游泳时间仍大于小体长组。

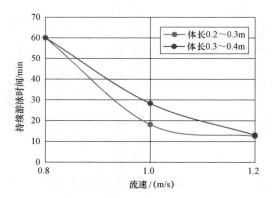

注：持续游泳＞60min以60min 计。

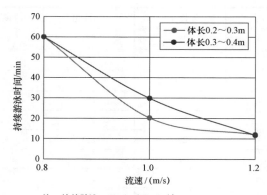

注：持续游泳＞60min以60min 计。

图 4-38 巨须裂腹鱼不同体长组持续游泳时间

（3）拉萨裂腹鱼。按照体长分为＜0.3m 以及 0.3～0.4m 两组，每组测试 0.8m/s、1.0m/s 和 1.2m/s 三个流速，由于样本数量限制，每个测试仅测试一尾鱼，试验结果见表 4-6。

表 4-6　　　　　　　　　　　　拉萨裂腹鱼的持续游泳时间

序号	设定流速/（m/s）	体长/mm	体重/g	持续时间	温度/℃
1	0.8	230	180	＞60′	10.9
2		330	179	＞60′	11.2
3	1.0	280	290	2′3″	7.7
4		320	220	12′38″	8.1
5	1.2	180	71	0′16″	9.4
6		370	790	9′44″	9.5

由图 4-39 可见，流速在 0.8m/s 时，2 个体长组的鱼类游泳时间均超过 60min；流速

在 1m/s 时，2 个体长组的鱼类游泳时间均大幅下降，体长较大的试验鱼游泳时间较长；在流速达到 1.2m/s 时，2 个体长组的试验鱼游泳时间继续减少，但大体长组游泳时间仍大于小体长组。

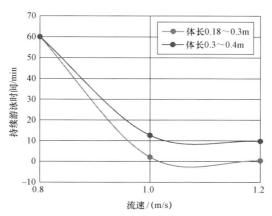

注：持续游泳＞60min以60min计。

图 4-39　拉萨裂腹鱼不同体长组持续游泳时间

4.3.2　补充测试结果（2011 年 6 月）

1. 感应流速

（1）异齿裂腹鱼。该试验中试验鱼体长范围为 0.23～0.30m，测试水温为 15.5～18.0℃。测得其感应流速范围为 0.04～0.10m/s，平均值为 0.07m/s。相对感应流速为 0.18～0.36BL/s，平均值为 0.28BL/s。由图 4-40 和图 4-41 可见，随着体长的增加，感应流速略有增大趋势，相对感应流速与体长关系不显著。

（2）巨须裂腹鱼。该试验中试验鱼体长范围为 0.18～0.31m，测试水温为 15.7～18.0℃。测得其感应流速范围为 0.02～0.07m/s，平均值为 0.04m/s。相对感应流速为 0.12～0.30BL/s，平均值为 0.18BL/s。由图 4-42 和图 4-43 可见，随着体长的增加，感应流速略有增大趋势，相对感应流速与体长关系不显著。

（3）拉萨裂腹鱼该试验中，试验鱼体长范围为 0.23～0.36m，测试水温为 17.1～18.0℃。测得其感应流速范围为 0.04～0.10m/s，平均值为 0.08m/s。相对感应流速为 0.12～0.29BL/s，平均值为 0.25BL/s。由图 4-44 和图 4-45 可见，随着体长的增加，感应流速略有增大趋势，相对感应流速相对稳定，与体长关系不显著。

2. 临界游速

（1）异齿裂腹鱼。该试验中试验鱼体长范围为 0.22～0.29m，测试水温为 15.7～17.6℃。测得其临界游速范围为 0.83～1.17m/s，平均值为 0.95m/s。相对临界游速为 3.19～4.30BL/s，平均值为 3.83BL/s。由图 4-46 和图 4-47 可见，随着体长的增加，临界游速没有显著变化，而相对临界游速呈一定下降趋势。

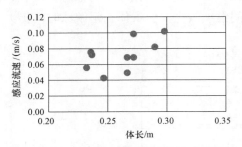

图 4-40　异齿裂腹鱼感应流速与体长关系

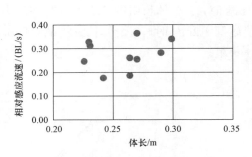

图 4-41　异齿裂腹鱼相对感应流速与体长关系

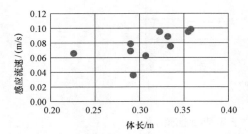

图 4-42　巨须裂腹鱼感应流速与体长关系

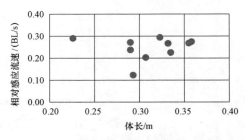

图 4-43　巨须裂腹鱼相对感应流速与体长关系

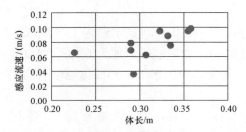

图 4-44　拉萨裂腹鱼感应流速与体长关系

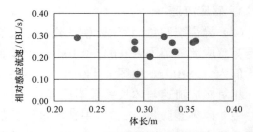

图 4-45　拉萨裂腹鱼相对感应流速与体长关系

（2）巨须裂腹鱼。该试验中试验鱼体长范围为 0.18～0.29m，测试水温为 15.5～17.4℃。测得其临界游速范围为 0.63～1.05m/s，平均值为 0.83m/s。相对临界游速为 2.50～4.11BL/s，平均值为 3.35BL/s。由图 4-48 和图 4-49 可见，随着体长的增加，临界游速和相对临界游速均没有显著变化。

（3）拉萨裂腹鱼。该试验中试验鱼体长范围为 0.23m～0.39m，测试水温为 15.6～16.7℃。测得其临界游速范围为 0.64～1.13m/s，平均值为 0.91m/s。相对临界游速为 2.08～3.16BL/s，平均值为 2.87BL/s。由图 4-50 和图 4-51 可见，随着体长的增加，临界游速略有增大趋势，相对临界游速与体长关系不显著。

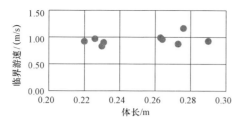

图 4-46　异齿裂腹鱼临界游速与体长关系

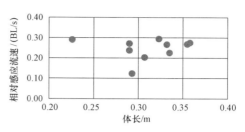

图 4-47　异齿裂腹鱼相对临界游速与体长关系

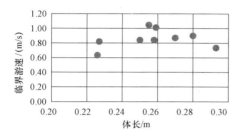

图 4-48　巨须裂腹鱼临界游速与体长关系

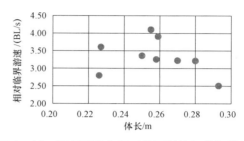

图 4-49　巨须裂腹鱼相对临界游速与体长关系

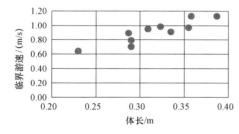

图 4-50　拉萨裂腹鱼临界游速与体长关系

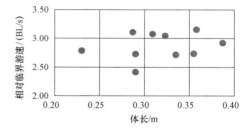

图 4-51　拉萨裂腹鱼相对临界游速与体长关系

3. 突进游速

（1）异齿裂腹鱼。该试验中试验鱼体长范围为 0.24～0.36m，测试水温为 16.7～18.0℃。测得其突进游速范围为 1.16～1.90m/s，平均值为 1.53m/s。相对突进游速为 3.65～6.37BL/s，平均值为 5.44BL/s。由图 4-52 和图 4-53 可见，随着体长的增加，突进游速变化趋势不显著，而相对突进游速略有下降趋势。

（2）巨须裂腹鱼。该试验中试验鱼体长范围为 0.21～0.27m，测试水温为 15.7～18.0℃。测得其突进游速范围为 1.00～1.44m/s，平均值为 1.22m/s。相对突进游速为 4.01～5.79BL/s，平均值为 4.93BL/s。由图 4-54 和图 4-55 可见，随着体长的增加，突进游速没有显著变化趋势，而相对突进游速有下降的趋势。

（3）拉萨裂腹鱼。该试验中试验鱼体长范围为 0.23～0.39m，测试水温为 15.8～17.8℃。测得其突进游速范围为 1.08～1.64m/s，平均值为 1.37m/s。相对突进游速为 3.02～5.35BL/s，平均值为 4.45BL/s。由图 4-56 和图 4-57 可见，随着体长的增加，突进游速略有增大趋势，而相对突进游速有下降的趋势。

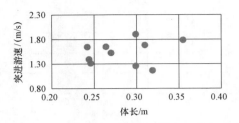

图4-52 异齿裂腹鱼突进游速与体长关系

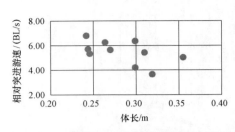

图4-53 异齿裂腹鱼相对突进游速与体长关系

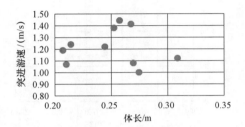

图4-54 巨须裂腹鱼突进游速与体长关系

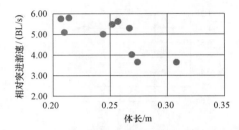

图4-55 巨须裂腹鱼相对突进游速与体长关系

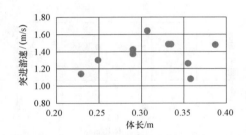

图4-56 拉萨裂腹鱼突进游速与体长关系

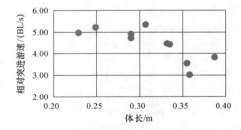

图4-57 拉萨裂腹鱼相对突进游速与体长关系

4.4 推荐鱼道设计流速

4.4.1 过鱼孔口尺寸

鱼道的过鱼孔口尺寸一般根据鱼道主要过鱼对象的常规规格确定,本鱼道过鱼对象中,最大体长约0.6m。根据鱼道一般设计要求,为保证鱼类顺利通过,过鱼孔口的高度和宽度最小不应小于过鱼最大体长1/2,因此,要求本鱼道过鱼孔口宽度和高度≥0.3m。

4.4.2 过鱼孔流速

1.安全值

过鱼孔流速的安全值基本可以保证大多数鱼类在不产生显著疲劳的情况下通过。一般情况,临界游速是鱼类可以保证连续游泳20min的流速值,在此流速下,鱼类可以保证连续前进而不产生显著疲劳，因此本鱼道过鱼孔口流速的安全值取临界游速 V_{cr}。

不同季节主要过鱼对象的临界游速值见表 4-7,可见 6 月巨须裂腹鱼的临界游速最低，为 0.83m/s,其原因可能为巨须裂腹鱼较易在捕捞和运输过程中受伤，在温度较高季节捕捞和运输对鱼类造成的感染和胁迫更为明显，影响了其临界游速。因此，综合考虑本鱼道过鱼孔流速安全值取为 0.90m/s。

表 4-7　　　　　　　　　　　　　　　过鱼对象的监界游速值

主要过鱼对象	临界游速 V_{cr}	
	11~12 月	6 月
异齿裂腹鱼	0.98	0.95
巨须裂腹鱼	0.96	0.83
拉萨裂腹鱼	0.95	0.91

2. 最大值

在鱼道中，鱼类通过过鱼孔口或竖缝一般都是以高速冲刺的形式短时间通过，通过高流速区时间一般在 2~20s,通过后，鱼类寻找到缓流区或回水区进行休息。美国的 TRB2009 年会的报告中指出：观测到鱼类通过鱼道时的游泳速度为突进速度；Blake 通过研究发现鱼类通过竖缝式鱼道的竖缝时运用突进游泳速度，直到疲劳才停下来休息。因此，本鱼道的竖缝流速的最大值主要参考鱼类突进游速 V_b。

鱼类的突进游速也和游泳时间有关，在较短的鱼道中，或者单个的障碍物中，鱼类可以以最高的速度通过高速区域，然后进行休息。这时可以选择鱼类的瞬时爆发速度（约 $V_b2s\sim V_b10s$）作为过鱼孔的设计流速值。

但是考虑到藏木鱼道高坝的特点，鱼道长度很可能达到数公里，其中需设置多级隔板以降低流速。鱼类需要通过如此之多的高流速断面可能引起疲劳，导致瞬间爆发游速下降，无法通过孔口或竖缝，对于长距离鱼道，过鱼孔流速值取值依据应有所降低。通过观察，鱼类通过过鱼孔时间一般小于 20s,因此，本鱼道过鱼孔流速的最大值主要参考鱼类突进游速 V_b20s（见表 4-8）。

表 4-8　　　　　　　　　　　　　　　鱼道过鱼孔最大流速值

主要过鱼对象	突进游速 V_b20s	
	11~12 月	6 月
异齿裂腹鱼	1.27	1.53
巨须裂腹鱼	1.21	1.22
拉萨裂腹鱼	1.17	1.37

综合考虑 11~12 月以及 6 月主要过鱼对象的突进流速，本鱼道的主要过鱼季节为 3~6 月，因此，鱼道过鱼孔最大流速主要参考 6 月的突进游速，建议取为 1.20m/s。

3. 建议取值范围

通过对过鱼孔流速安全值和最大值的分析，我们建议本鱼道过鱼孔流速取 0.90～1.20m/s。在 0.90m/s 条件下，基本可以保证主要过鱼对象在繁殖季节的通过，而且可以满足更多的兼顾过鱼对象在全年各季节的上下游交流；在 1.20m/s 条件下，主要过鱼对象也可以通过，但对兼顾过鱼对象通过的保证率较低，并且对鱼道休息池的设计有较高要求。

鱼道过鱼孔流速的取值不仅需要参考鱼类的游泳能力，而且与上下游水头差、鱼道结构类型以及鱼道建设条件和投资有密切关系，很小的流速取值差异都可能造成鱼道总长度和投资的巨大差异。因此，通过对主要过鱼对象游泳能力的分析，结合本工程水头高以及两岸为峡谷地形等特性，为取得鱼类通过能力和工程建设的经济性的平衡，建议过鱼孔流速值取 1.0～1.1m/s。

4. 结构设计建议

该鱼道上下游水头差巨大，为在鱼类耐受范围内尽可能缩短鱼道总长度，可通过优化的结构设计将过鱼孔分为低流速区和高流速区，保证过鱼孔口断面存在鱼类可以克服的流速，鱼类即可以通过。这样设计低流速区流速可以控制在 0.90～1.1m/s，用来通过鱼类；高流速区流速可以适当放大，用来通过游泳能力较强的鱼类以及产生消能作用，这样可以在满足鱼类流速要求的前提下尽可能提高鱼道坡度，减小鱼道长度和工程量。

总体布置和结构设计

5.1 工程等别和设计标准

5.1.1 工程等别

藏木水电站水库总库容 0.93 亿 m³，电站装机容量 510MW，依据《水电枢纽工程等级划分及设计安全标准》（DL 5180—2003），工程等别为二等工程，工程规模为大（2）型，其永久性主要水工建筑物按 2 级设计，永久性次要水工建筑物按 3 级设计。

依据《水电工程过鱼设施设计规范》（NB/T 35054—2015），鱼道出口明渠段、过坝段与大坝结合，系挡水建筑物，按 2 级建筑物设计，其他部分按 3 级建筑物设计。

5.1.2 设计标准

1. 洪水标准

根据建筑物级别，按《防洪标准》（GB 50201—2014）、《水电枢纽工程等级划分及设计安全标准》（DL 5180—2003）和《水电工程过鱼设施设计规范》（NB/T 35054—2015）要求，鱼道建筑物的洪水标准如下：

（1）鱼道出口明渠段、过坝段与大坝结合，系挡水建筑物，洪水标准按 500 年一遇洪水设计，2000 年一遇洪水校核。

（2）鱼道尾水渠段与厂房尾水闸墩、尾水渠导墙结合布置。当尾水渠内水位高于电站 6 台机组满发尾水位时，鱼道不运行；尾水渠内水位高于鱼道顶高程时，允许水流进入鱼道；故鱼道尾水渠段顶高程控制性水位为电站 6 台机组满发尾水位 3248.05m。

鱼道出口明渠段、过坝段洪水标准及相应流量见表 5-1。

表 5-1 　　　　　　　鱼道出口明渠段、过坝段洪水标准及相应流量

水工建筑物	级别	设计洪水		校核洪水	
		重现期/a	流量/（m³/s）	重现期/a	流量/（m³/s）
鱼道出口明渠段、过坝段	2	500	13 600	2000	17 100

2. 地震设防标准

根据中国地震局地壳应力研究所、西藏自治区地震局地震工程研究所对工程场地的地震危险性评价报告，藏木水电站工程场地 50 年超越概率 10%的基岩水平动峰值加速度为 140.8cm/s²，相应的电站场址地震基本烈度为Ⅶ度，工程场地基岩动峰值加速度值见表 5-2。

根据《水电工程水工建筑物抗震设计规范》（NB 35047—2015）的规定，设防烈度为Ⅶ度。鱼道出口明渠段、过坝段与大坝结合，抗震设防类别为乙类，其他部分抗震设防类别为丙类。

表 5-2 　　　　　　　　　工程场地基岩动峰值加速度值 　　　　　　　　　单位：cm/s²

参数	50 年超越概率 10%	50 年超越概率 5%	100 年超越概率 2%
am/gal	140.8	190.3	313.6

根据预可行性研究报告审查意见，要求在可行性研究阶段应研究提高拦河坝的抗震设防烈度的必要性；同时根据《水电工程防震抗震研究设计及专题报告编制暂行规定》，本工程在可行性研究阶段对坝体稳定等进行了地震敏感性分析，对挡水建筑物按 50 年超越概率 10%和 50 年超越概率 5%的地震基岩动峰值加速度 140.8cm/s²、190.3cm/s²分别进行设计计算。计算成果表明，按 50 年超越概率 5%的地震基岩动峰值加速度 190.3cm/s²设计，坝体断面主要受正常工况控制，因此对工程投资影响不大，同时考虑到藏木水电站为雅鲁藏布江干流上拟建的第一个电站，加查县城在电站下游，距离电站仅约 17km，另外雅鲁藏布江断裂带距坝址约 5km，因此遵循"确保安全，留有裕度"的原则对大坝、鱼道出口明渠段与过坝段等挡水建筑物按 50 年超越概率 5%的地震基岩动峰值加速度 190.3cm/s²进行设计，鱼道其他部分、工程边坡等按 50 年超越概率 10%的地震基岩动峰值加速度 140.8cm/s²进行设计。

3. 安全标准

（1）安全超高标准。按照《水电枢纽工程等级划分及设计安全标准》（DL 5180—2003）及《混凝土重力坝设计规范》（NB/T 35026—2014），混凝土重力坝坝顶应高于校核洪水位，坝顶上游防浪墙顶的高程应高于波浪顶高程，其与正常蓄水位或校核洪水位的高差，可由规范公式计算，应选择两者中防浪墙顶高程的高者作为选定高程。鱼道出口明渠段、过坝段与大坝结合，系挡水建筑物，安全超高值取与大坝一致，即正常蓄水位 0.5m，校核洪水位 0.4m。

（2）边坡抗滑稳定允许最小安全系数。按照《水电水利工程边坡设计规范》（DL/T 5353—2006），鱼道边坡级别为Ⅱ级，边坡最小抗滑稳定安全系数为：

持久状况：1.25～1.15；短暂状况：1.15～1.05；偶然状况：1.05。

（3）鱼道进、出口抗滑、抗倾、抗浮稳定允许最小安全系数。按照《水电站进水口设计规范》（DL/T 5398—2007），鱼道进、出口抗滑、抗倾、抗浮稳定允许最小安全系数取 1.0。

5.2　鱼道总体布置及结构设计

5.2.1　总体布置

工程鱼道结构形式为竖缝式，沿线主要由进口（设置有补水系统）、尾水渠段、暗涵段、岸坡段、过坝段、出口明渠段、出口等部分组成，全长 3683m，其中坝下游段（包括进口、尾水渠段、暗涵段、岸坡段）长 3132.110m，库区段（包括过坝段、出口明渠段、出口）长 551.144m。

鱼道布置有 1 号、3 号和 4 号三个进口：1 号进口位于尾水渠左侧的导墙末端，进口底板顶高程为 3241.00m；3 号、4 号进口分别位于尾水渠左、右两侧的导墙始端，进口底板顶高程分别为 3243.00m、3245.60m。

鱼道尾水渠段与尾水渠左侧导墙及尾水闸墩结合布置；鱼道暗涵段与厂房防洪墙结合布置，并设置通气孔；鱼道岸坡段利用尾水渠下游护岸、混凝土拌和系统台地、白沟坡地进行布置，逐步爬升；大坝右岸下游边坡已完成开挖，边坡陡峭，没有可作为鱼道基础的平台，该段鱼道采用岩壁梁及贴坡混凝土作为基础。

鱼道在 19 号坝段处穿过大坝，该区段鱼道底坡 $i=0$，可兼作休息池用。

出口明渠段利用大坝右岸上游边坡进行布置，逐步爬升。

鱼道布置有 1 号、2 号、3 号和 4 号四个出口，各出口底板顶高程分别为 3304.00m、3305.00m、3306.00m 和 3307.50m。

为与枢纽主体建筑物充分结合，鱼道分区段采用不同底坡，其中：鱼道各进口段底坡 $i=0$；尾水渠段采用 $i=0.020\,8$、$i=0.020\,6$ 两种不同底坡；暗涵段、岸坡段及出口明渠段底坡 $i=0.02$；鱼道各出口段底坡 $i=0$。

鱼道沿程每爬升 4.5m 设置一处休息池，以供鱼类在上溯过程中暂时休息，共设置 14 个休息池。

在鱼道进口、出口、过坝段及观察研究室等建筑物设置闸门和启闭设备，两侧边墙顶部设防护栏。鱼道工程配备有配电系统、照明设施、监视控制系统、通信设施、通风设施和观测设施等附属设施。

5.2.2　坝下游段结构设计

坝下游段包含尾水渠段、暗涵段及坝下游的岸坡段。

1. 结构布置设计

（1）尾水渠段。（鱼 1）0+022.789～（鱼 1）0+129.789 段、（鱼 1）0+152.979～（鱼 1）0+270.839 段为尾水渠段，该段鱼道与尾水渠左侧导墙及尾水闸墩结合布置。（鱼 1）0+022.789～（鱼 1）0+129.789 段前接 1 号鱼道进口，后接 3 号鱼道进口；（鱼 1）0+152.979～

（鱼 1）0+270.839 段前接 3 号鱼道进口，后接 4 号鱼道进口。（鱼 1）0+022.789～（鱼 1）0+129.789 段底坡 $i=0.020\,8$，（鱼 1）0+152.979～（鱼 1）0+270.839 段底坡 $i=0.020\,6$。尾水渠段底板顶高程由 3241.00m 上升到 3245.60m。该段鱼道净宽 2.4m，边墙顶高程为 3250.00m，高于厂房 6 台机组发电尾水位。鱼道检修时，尾水渠段边墙将可能承受最大 9m 的外水压力，为增强鱼道边墙抗外压稳定性，边墙设置了横撑，横撑断面尺寸 0.4m×0.6m（宽×高），横撑水平间距 3m。

（2）暗涵段。（鱼 1）0+289.979～（鱼 1）0+468.139 段为暗涵段，该段鱼道与厂房衡重式混凝土防洪墙结合布置，在防洪墙内部设置暗涵式鱼道。鱼道暗涵段全长 178.160m，（鱼 1）0+289.979～（鱼 1）0+453.149 段底坡 $i=0.020$，（鱼 1）0+453.149～（鱼 1）0+468.139 段底坡 $i=0.017$。暗涵段底板顶高程由 3245.60m 上升到 3249.07m。该段鱼道净宽 2.4m，为满足通气需要，暗涵段延程每 3m 设置一个 1.0m×0.8m（长×宽）的通气孔，通气孔出口高程与防洪墙顶高程一致，为 3263.00m。

（3）岸坡段。（鱼 1）0+468.139～（鱼 1）3+132.110 段为岸坡段，该段主要利用尾水渠下游护岸、混凝土拌和系统平台、白家沟坡地和坝下游边坡进行布置，逐步爬升。

（鱼 1）0+468.139～（鱼 1）0+872.189 段鱼道利用尾水渠下游护岸贴坡混凝土 3249.80m 高程马道进行布置，全长 404.05m，底板顶高程由 3249.07m 上升到 3255.94m，底坡 $i=0.017$。

（鱼 1）0+872.189～（鱼 1）1+650.515 段鱼道利用混凝土拌和系统台地进行布置，全长 778.326m，底板顶高程由 3257.20m 上升到 3272.94m，底坡 $i=0.020\,2$，该段鱼道末端以桥涵形式跨越 2 号公路。

（鱼 1）1+650.515～（鱼 1）2+739.324 段鱼道利用白沟坡地进行布置，迂回上升，全长 1088.809m，底板顶高程由 3272.94m 上升到 3293.90m，底坡 $i=0.019\,3$，该段鱼道以桥涵形式跨越 4 号公路。

（鱼 1）2+739.324～（鱼 1）2+828.479 段鱼道利用大坝右岸下游较为陡峭边坡进行布置，对坡面进行局部开挖或采用贴坡混凝土作为鱼道基础。该段鱼道全长 89.155m，底板顶高程由 3293.90m 上升到 3295.74m，底坡 $i=0.020\,6$。

（鱼 1）2+828.479～（鱼 1）3+132.110 段鱼道位于大坝右岸下游陡峭边坡之上。该段鱼道原设计方案拟利用边坡开挖形成的马道作为基础进行布置，边坡实际开挖后，并未形成马道，根据现场地形情况，该段鱼道采用岩壁梁、贴坡混凝土作为鱼道基础。该段鱼道全长 303.631m，底板高程由 3295.74m 上升到 3302.00m，底坡 $i=0.020\,6$。

2. 鱼道进口结构设计

鱼道 1 号进口位于尾水渠左侧的导墙末端，起始桩号（鱼 1）0+011.009，终止桩号（鱼 1）0+022.789，长 11.78m。1 号进口段顶高程 3250.00m，（鱼 1）0+011.009～（鱼 1）0+014.819 段底板顶高程 3241.00m，（鱼 1）0+014.819～（鱼 1）0+022.789 段设置 1 号进口补水池，该段底板顶高程 3238.75m，补水池深度 2.25m。1 号进口段靠尾水渠侧边墙厚度为 1.2m，另外一侧边墙与排砂廊道导墙结合布置。1 号进口在指向下游及两侧三个方向上各布置一道进鱼缝，1 号-1 进鱼缝布置于冲砂廊道导墙内，1 号-2 进鱼缝方向指向下游，轴线与鱼道轴线重合，1 号-3 进鱼缝布置于鱼道靠尾水渠侧边墙内，各进鱼口缝宽均为 0.70m，进鱼缝内均设置一道工作检修闸门。在放空检修工况下，1号进口边墙将可能承受最大9m的外水压力，为增强鱼道进口边墙抗外压稳定性，在边墙顶部设置了一排横撑，横撑断面尺寸0.4m×0.6m（宽×高），横撑水平间距3m。1号－2进鱼口外侧设置导墙，导墙布置于海曼混凝土结构上，导墙与鱼道进口轴线夹角为15°，顺水流长3m，高9m，上部宽0.8m，底板宽1.6m，为保证导墙稳定，底部凿除50cm厚原海曼混凝土，并在新老混凝土结合面设置插筋，顶部设置横撑，断面尺寸1.0m×1.5m（宽×高）。

鱼道3号进口位于尾水渠左侧的导墙始端，起始桩号（鱼1）0+129.789，终止桩号（鱼1）0+149.369，长19.58m。3号进口段顶高程3263.00m，（鱼1）0+129.789～（鱼1）0+139.329段底板顶高程3243.00m，（鱼1）0+129.789～（鱼1）0+149.369段设置3号进口补水池，该段底板顶高程3240.00m，补水池深度3.00m。3号进口段靠尾水渠侧边墙厚度为1.2m，另外一侧边墙与排砂廊道导墙结合布置。3号进口在指向尾水渠侧布置一道进鱼缝，进鱼口缝宽0.70m，进鱼缝内设置一道工作检修闸门。为增强鱼道进口边墙抗外压稳定性，分别在3263.00m、3256.50m高程设置了两排横撑，横撑断面尺寸0.4m×0.6m（宽×高），横撑水平间距3m。

鱼道4号进口位于尾水渠右侧的导墙始端，起始桩号（鱼1）0+270.839，终止桩号（鱼1）0+292.182，长21.343m。4号进口段顶高程3263.00m，底板顶高程3245.60m，4号进口补水池底板顶高程3243.60m，补水池深度2.00m。4号进口段靠尾水渠侧边墙厚度为1.2m，另外一侧边墙与右冲沙底孔导墙结合布置。4号进口在指向尾水渠侧布置一道进鱼缝，进鱼口缝宽0.70m，进鱼缝内设置一道工作检修闸门。

鱼道各进口均结合尾水渠导墙布置，经计算，尾水渠左侧导墙首端、末端和尾水渠右侧导墙末端鱼道进口基础抗滑稳定、抗倾覆稳定及抗浮稳定计算结果均满足规范要求。

3. 典型鱼道结构设计

（1）连续基础鱼道。连续基础鱼道是指布置在连续牛腿、岩壁梁和覆盖层或基岩基础上的鱼道，鱼道主要采用明渠形式，边墙和底板均为钢筋混凝土结构，厚度均为0.6m。明渠段设置鱼道池室，池室典型坡度为$i=0.02$，净宽为2.4m，标准段净高为3.5m（尾水渠段最高9m），单个池室长度为3.0m，运行水深为1.0～2.7m，池室间落差为0.062m。鱼道池室形式选用垂直竖缝式，按照鱼道的模型试验要求，每隔3m设置一道插板，插板分为两部分，两部分之间形成鱼道竖缝。插板宽度为0.3m，最大宽度为0.75m，高为3.5m；竖缝流速为1.1m/s，竖缝宽度为0.3m。鱼道池室典型结构见图5－1。

（2）简支基础鱼道。尾闸墩段和岸坡支墩段鱼道采取简支结构，简支跨度根据鱼道边墙高度而定，尾闸墩段跨度7.28～12.1m，鱼道边墙净高4.4～6.5m，边墙和底板厚0.6m，净宽2.4m，单个池室长度为3.0m，两跨间设置结构缝，并设两道铜片止水防漏；岸坡支墩段跨度多为9.0m，鱼道边墙净高3.5m，边墙和底板厚0.6m，净宽2.4m，单个池室长度为3.0m，两跨间设置结构缝，并设两道铜片止水防漏。

鱼道位于水库下游，短暂和持久工况下，水平荷载处于平衡状态，不存在抗倾覆稳定问题。经计算，地震工况下，鱼道抗倾覆稳定安全系数最小值为1.28，满足抗倾覆稳定安全系数1.0的要求。

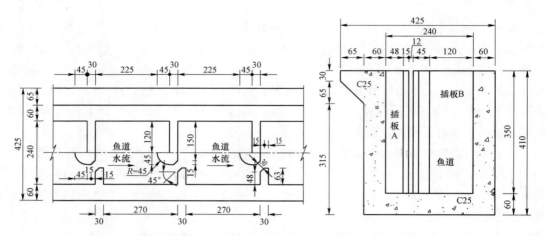

图 5-1　鱼道池室典型结构图（平面结构及横剖面结构，单位：cm）

（3）旁通休息池。鱼道（鱼 1）0+872.189～（鱼 1）2+703.416 段沿线原则上每爬升 4.5m 设置一处休息池，共布置了 6 处旁通休息池，休息池底坡与鱼道相同，休息池顺水流向净尺寸 2.7m，横水流向净尺寸 3.6m，边墙与底板厚度均为 0.6m。休息池内不设置插板。

4. 尾水渠段、暗涵段、岸坡段鱼道基础设计

坝下游段鱼道长约 3132.110m，根据不同的地形、地质条件采用了多种形式的鱼道基础。

（1）覆盖层基础。（鱼 1）0+468.139～（鱼 1）1+650.515 段部分基础为原状土，基础应力满足承载力要求，该段鱼道对覆盖层开挖后作为鱼道基础。

（鱼 1）0+872.189～1 号回填混凝土墩段开挖揭示的基础多为深厚的人工回填土，经现场试验检测，人工回填土承载力仅为 0.08～0.15MPa。为满足承载力要求，（鱼 1）0+872.189～1 号回填混凝土墩段鱼道基础应置于现状地面以下至少 1m，采用 C15W6F100 混凝土回填扩大基础至鱼道底板底高程。

（2）贴坡混凝土及回填混凝土基础。（鱼 1）1+650.515～（鱼 1）2+278.207 段为鱼道 S 形爬坡段，基础位于斜坡上，多为覆盖层边坡，为确保鱼道结构稳定，该段鱼道采用贴坡混凝土及回填混凝土作为基础，见图 5-2。

（3）岩壁梁基础及贴坡混凝土基础。（鱼 1）2+739.324～（鱼 1）3+132.110 段鱼道采用岩壁梁及贴坡混凝土作为基础。贴坡混凝土基础锚杆 Φ25，长度 4.5m，入岩 3m，外露 1.5m，间、排距 1m；边坡锚杆 Φ25，长度 2.5m，入岩 1.5m，外露 1.0m，间、排距 1.5m；锚索 $N=1500$kN，$L=25$m/30m，间距 2m，交错布置。岩壁梁锚杆 Φ32，$L=8.47～11.28$m，间、排距 0.75m，岩锚索 $N=1500$kN，$L=25$m/30m，间距 2m，交错布置。岩壁梁基础布置示意图见图 5-3。

（4）回填混凝土墩基础。（鱼 1）0+872.189～（鱼 1）1+650.515 段在支墩起始位置、跨桥处及鱼道转弯处设置回填混凝土墩，分别在（鱼 1）1+200.833、（鱼 1）1+395.015、（鱼 1）1+588.719、（鱼 1）1+623.847、（鱼 1）1+650.515 设置 1 号～5 号回填混凝土墩。1 号和 2 号回填混凝土墩地基人工回填土厚度较大，不易完全清除，故采用扩大基础，扩大基础置于现状地面以下 1.5m，其下设置水稳层；（鱼 1）2+374.738～（鱼 1）2+602.181 段在（鱼 1）2+374.738、（鱼 1）2+420.934、（鱼 1）2+462.635 设置 6 号～8 号回填混凝土墩。

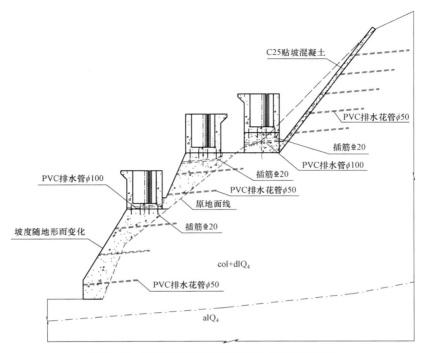

图 5-2　贴坡混凝土及回填混凝土基础示意图

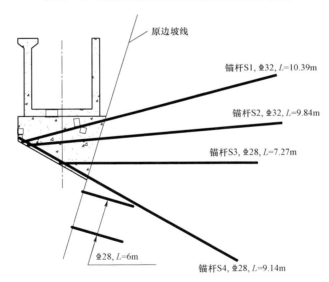

图 5-3　岩壁梁基础布置示意图

（5）混凝土支墩基础。（鱼 1）0+872.189～（鱼 1）1+650.515 段随着鱼道底部高程的升高，鱼道采用混凝土支墩作为基础，该段共设置有 36 个支墩；该段典型混凝土支墩断面为矩形，截面尺寸为 3.64m×1.5m（长×宽），底部断面扩大。鱼道 1 号～16 号支墩鱼道基础人工回填土层厚度较大，不易完全清除，支墩采用扩大基础，扩大基础置于现状地面之下 1.5m，扩大基础下设置水稳层（见图 5-4）；在施工过程中，17 号～34 号支墩基础多为深厚的人工回填土层，经现场试验检测，其承载力仅为 0.08～0.15MPa，其基础承载力不能满足设计要求，因此 17 号～36 号支墩采用扩大基础（见图 5-5）。

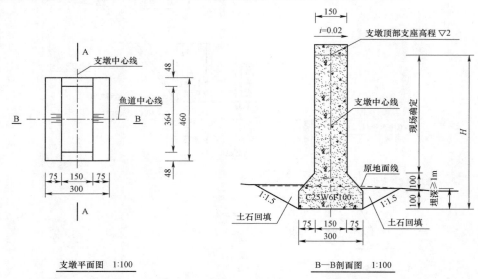

图 5-4　1 号～16 号典型混凝土支墩基础处理方式示意图（单位：cm）

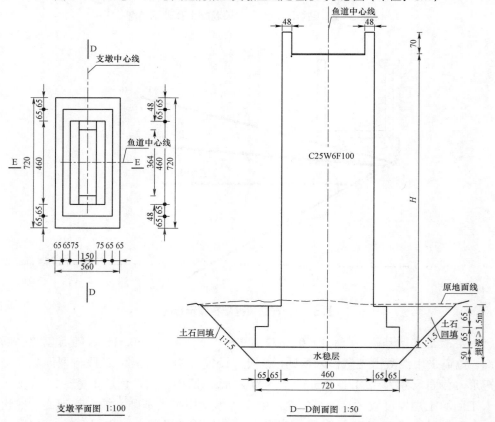

图 5-5　17 号～36 号典型混凝土支墩基础处理方式示意图（单位：cm）

根据地形、地质条件，（鱼 1）2+374.738～（鱼 1）2+564.051 段共设置 17 个混凝土支墩，鱼道混凝土支墩部分坐落于基岩之上，支墩高度与地形条件密切相关，支墩最高约12.0m，原则上所有支墩基础都应嵌入新鲜完整基岩内至少 0.5m。该段典型混凝土支墩断面为矩形，长、短边分别为 3.64m 和 1.5m，底部断面扩大。经计算，（鱼 1）2+374.738～（鱼 1）2+564.051 段 17 个混凝土支墩产生的最大压应力为 0.19MPa，低于基岩的允许压应力 1.0～1.5MPa，满足设计要求。

支墩顶部采取上下支撑钢板内夹氯丁橡胶复合支座。

（6）尾闸墩牛腿基础。（鱼 1）0+152.979～（鱼 1）0+270.839 段为简支跨的牛腿基础，根据跨度不同，牛腿断面尺寸范围：外边缘高度 1～1.62m，内边缘高度 3.37～5.06m，牛腿悬挑长度 4.1m。牛腿顶部采取上下支撑钢板内夹氯丁橡胶复合支座。

5.2.3 库区段结构设计

库区段包括过坝段、出口明渠段及鱼道出口。

1. 结构布置设计

库区段鱼道总长 551.144m，其中（鱼 1）3+132.110～（鱼 1）3+154.610 段为过坝段，坡度 $i=0$；（鱼 1）3+154.610～（鱼 1）3+216.998m 段鱼道基础形式为贴坡混凝土，坡度 $i=0.006\ 4$；（鱼 1）3+292.334m～（鱼 1）3+382.381 段鱼道基础形式为混凝土支墩。

（鱼 1）3+485.191～（鱼 1）3+491.077 段为鱼道 1 号出口，坡度 $i=0$，出口闸室底板顶高程为 3304.00m，闸室顶高程为 3312.00m，闸室基础坐落于基岩上；（鱼 1）3+541.072～（鱼 1）3+546.958 段为鱼道 2 号出口，坡度 $i=0$，出口闸室底板顶高程为 3305.00m，闸室顶高程为 3312.00m，闸室基础坐落于基岩上；（鱼 1）3+596.967～（鱼 1）3+602.853 段为鱼道 3 号出口，坡度 $i=0$，出口闸室底板顶高程为 3306.00m，闸室顶高程为 3312.00m，闸室基础坐落于基岩上；（鱼 1）3+677.854～（鱼 1）3+683.254 段为鱼道 4 号出口，坡度 $i=0$，出口闸室底板顶高程为 3307.50m，闸室顶高程为 3312.00m，闸室基础坐落于人工回填土上。鱼道 4 个出口之间共布置了 31 个支墩，坡度均为 0.02，其中 1 号～22 号支墩基础坐落于基岩上，23 号～31 号支墩坐落于人工回填土上。

2. 库区段鱼道结构设计

库区段鱼道为 U 形结构，底板净宽 2.4m，厚度 0.7m，边墙高度随鱼道底板顶高程的增加而逐渐减小，最高为 10.70m，最低为 5.20m，边墙厚度为 0.7m。鱼道边墙顶部两侧均设置牛腿作为鱼道检修通道，牛腿沿边墙外缘外延 0.65m，牛腿净高 0.95m。按照鱼道的模型试验要求，每隔 3m 设置一道插板，插板分为两部分，两部分之间形成鱼道过缝。插板宽度为 0.3m，最大宽度为 0.75m，高 3.5m。为增强鱼道结构稳定性，库区段鱼道每隔3m 设置横撑，横撑采用工字钢，型号为 144mm×400mm×12.5mm（宽×高×厚），横撑位置与插板位置一致。其中 19 号坝段～1 号出口闸闸室之间的鱼道在 3309.00m 高程设置横撑，1 号～2 号出口闸室之间的鱼道在 3310.00m 高程设置横撑，2 号～3 号出口闸室之间的鱼道在 3311.00m 高程设置横撑，3 号～4 号出口闸室之间的鱼道在 3312.00m 高程设置横撑。

支墩段鱼道采取简支结构，简支跨度 9m，边墙和底板厚 0.7m，净宽为 2.4m，单个池室长度为 3.0m，两跨间设置结构缝，并设两道铜片止水防漏。

库区段鱼道分为简支结构和连续结构两种，库区段鱼道位于水库内，短暂和持久工况下，水平荷载处于平衡状态，不存在抗倾覆稳定问题。经计算，地震工况下，鱼道抗倾覆稳定安全系数最小值为 1.25，满足抗倾覆稳定安全系数 1.0 的要求。

3. 库区段鱼道基础设计

库区段鱼道总长 551.144m，根据不同的地形、地质条件，采用了多种鱼道基础形式。

（鱼 1）3+154.610～（鱼 1）3+216.998m 段鱼道基础形式为贴坡混凝土，贴坡混凝土坡比为 1∶0.2，贴坡混凝土基础宽度 3m，基础锚杆 ϕ25，长度 4.5m，入岩 3m，外露 1.5m，间、排距 1m；贴坡锚杆 ϕ25，长度 4.5m，入岩 3m，外露 1.5m，间、排距 2m。贴坡混凝土强度等级为 C25W6F100，同时在贴坡混凝土内增设一层钢筋网，钢筋网采用 ϕ14 钢筋，间、排距 20cm。

库区段鱼道为适应水位变幅设置了 4 个出口闸室。其中 1 号～3 号出口闸室与鱼道轴线夹角为 60°，指向上游，闸室底高程高于现状地面高程，故其基础采用回填混凝土形式。4 号出口闸室与鱼道轴线平顺连接，闸室地基为人工回填土，为保证地基承载力满足设计要求，其基础采用扩大基础形式。闸室截面为矩形，截面尺寸为 5.4m×5.1m（长×宽），扩大基础尺寸为 7.4m×7.1m（长×宽）。为保证人工回填土在水下的整体稳定性，在现有人工回填土上回填土石压坡，回填土石坡比为 1∶2，坡面采用 40cm 厚干砌石护坡，坡脚采用 3 层钢筋石笼压脚。压坡及扩大基础示意图如图 5-6 所示。

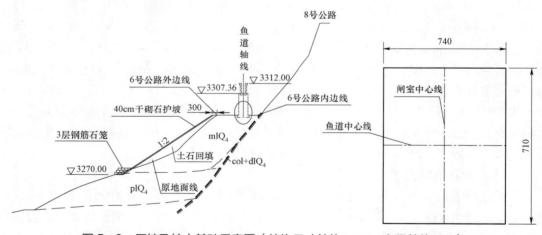

图 5-6　压坡及扩大基础示意图（结构尺寸单位：cm，高程单位：m）

库区段鱼道混凝土支墩坐落于基岩之上，支墩高度与地形条件密切相关，库区段共设置了 53 个支墩，支墩最高为 14.0m，原则上所有支墩基础都应嵌入新鲜完整基岩内至少 0.5m，鱼道 3 号～4 号出口之间的 23 号～31 号支墩地基为人工回填土，采用与 4 号出口闸室基础类似的扩大基础处理方式。

典型混凝土支墩断面为矩形，截面尺寸为 3.84m×1.5m（长×宽），底部断面扩大。而采用扩大基础的鱼道 3 号～4 号出口之间的 23 号～31 号支墩，其扩大基础尺寸为

7.4m×5.0m（长×宽）。支墩顶部采取上下支撑钢板内夹氯丁橡胶复合支座。典型混凝土支墩基础处理见图5-7。

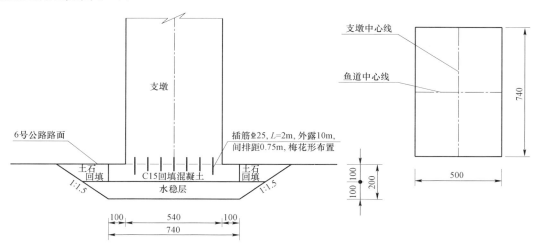

图5-7　典型混凝土支墩基础处理示意图（支墩纵剖面及支墩基础平切面，单位：cm）

库区段共设置了53个支墩，每个支墩的高度不尽相同，其中19号坝段至1号出口闸室之间的22个支墩产生的最大压应力为0.35MPa，低于基岩的允许压应力1.0～1.5MPa。1号出口至4号出口的31个支墩，其地基略有不同，其中的1号～22号混凝土支墩皆位于基岩之上，其产生的压应力远低于基岩的允许压应力1.0～1.5MPa，而23号～31号混凝土支墩地基为人工回填土，采用扩大基础后，基底应力为0.15MPa，小于此处人工回填土的地基承载力0.3～0.4MPa，满足设计要求。

4. 鱼道出口结构设计

鱼道共布置有4个出口，为使鱼类顺利通过，鱼道前3个出口与鱼道轴线夹角为60°，指向上游，第4个出口与鱼道轴线顺接。

1号出口中心线与鱼道轴线交点桩号（鱼1）3+488.134，1号出口顶高程3312.00m，底板顶高程3304.00m，边墙厚1.80m，底板厚2.00m，中心线长度7.22m。布置有一道出鱼孔，孔宽1.50m，高3.00m，出鱼孔内设一道工作闸门，工作闸门前胸墙厚2.03m。

2号出口中心线与鱼道轴线交点桩号（鱼1）3+544.015，2号出口顶高程3312.00m，底板顶高程3305.00m，边墙厚1.80m，底板厚2.00m，中心线长度7.22m。布置有一道出鱼孔，孔宽1.50m，高3.00m，出鱼孔内设一道工作闸门，工作闸门前胸墙厚2.03m。

3号出口中心线与鱼道轴线交点桩号（鱼1）3+599.910，3号出口顶高程3312.00m，底板顶高程3306.00m，边墙厚1.80m，底板厚2.00m，中心线长度7.22m。布置有一道出鱼孔，孔宽1.50m，高3.00m，出鱼孔内设一道工作闸门，工作闸门前胸墙厚2.03m。

4号出口起始桩号（鱼1）3+677.854，终止桩号（鱼1）3+683.254，长5.40m。4号出口顶高程3312.00m，底板顶高程3307.50m，边墙厚1.80m，底板厚2.00m，中心线长度7.22m。布置有一道出鱼孔，孔宽1.50m，高3.00m，出鱼孔内设一道工作闸门，工作闸门前胸墙厚2.03m。

经计算，鱼道出口基底应力为 0.20~0.25MPa。

实际开挖过程中揭示，4 号出口闸室地基为人工回填土，厚度约为 20~30m，通过现场试验，承载力为 0.3~0.4MPa。经计算，扩大基础的鱼道 4 号出口闸室基底最大压应力为 0.24MPa，满足地基承载力要求。而 1 号~3 号出口闸室基础坐落于基岩上，产生的压应力最大为 0.25MPa，小于地基岩体的允许压应力 $[R]$＝1.0~1.5MPa，基底应力满足要求。

经计算，地震工况下，鱼道出口抗滑稳定安全系数 7.09，满足抗滑稳定要求；偶然工况下，鱼道出口抗倾覆稳定安全系数 2.69，满足抗倾覆稳定要求；鱼道出口抗浮稳定安全系数最小值为 2.93，满足抗浮稳定要求。

5.3 优 化 设 计

5.3.1 鱼道活动段研究与设计

藏木鱼道主要过鱼对象为异齿裂腹鱼、巨须裂腹鱼和拉萨裂腹鱼，根据对鱼类游泳能力的测试结果，鱼类适应的流速变化范围为 0.83~1.53m/s。理论上，鱼道底坡调整的最大值和最小值应在工程布置可行的前提下同鱼道流速相对应。经计算，在鱼道竖缝水流流速变化范围为 0.83~1.53m/s 时，对应的鱼道底坡变化范围为 0.9%~7%。

结合现场布置条件，若坡度小于 1.7%，鱼道总长度将进一步加长，造价更高，且现场用于鱼道布置的场地有限，根据前期研究成果，结合本河段鱼类洄游特性，坡度大于 2.4%后，鱼类有效爬升的可能性极低，经过综合分析，本阶段初拟鱼道底坡试验段坡度变化范围为 1.7%~2.4%，并拟定 4 个坡度进行调坡试验，分别为 1.7%、2.0%、2.2%、2.4%。

鱼道试验段 [（鱼 1）0+453.149m~（鱼 1）0+872.189m 段] 利用厂房防洪墙、尾水渠下游护岸贴坡混凝土的马道进行布置，全长约 419.04m，共布置约 140 个鱼池。试验段初始底坡为 1.7%，最大底坡 2.4%，试验从初始底坡开始，在调坡范围内逐级试验各鱼道底坡，直到最大底坡。

试验从较小底坡调整至高一级底坡时，鱼道底板采用铺填砂卵砾石进行抬高，以满足试验要求。藏木鱼道建成并运行至今，已初步实现预期的过鱼效果，针对底坡为 1.7%的原型观测试验也已基本完成，故将该段鱼道底坡采用砂卵石回填至 2.0%。后期将根据原型试验开展情况对该区域底坡进行进一步调整。

5.3.2 鱼道闸门远控优化

1. 1 号鱼道进口

1 号鱼道进口原设置电动葫芦，不进行远方监控，现进行改造，将在 1 号鱼道进口设置启闭机及其现地控制柜。现地控制柜将设置自动和手动控制两种方式，其中自动方式下，现地控制柜内 PLC 将根据水位信号自动启闭 1 号鱼道进口闸门，手动控制方式下，现地控制柜将设置手动启闭 1 号鱼道进口闸门的操作按钮，实现现地手动控制。现地控制柜将与电站计算机监控系统的鱼道现地控制单元（放置在下游副厂房控制盘柜室内）进行连接，通过硬接线方式，现地控制柜接收来自鱼道现地控制单元的 DO 开出命令，实现 1 号鱼道进口闸门的远方（山南集控中心中控室）控制。同时，现地控制柜通过通信方式（通信端口暂定为 RS485，通信协议暂定为 MODBUS）上送相关设备的状态信息和报警信息，实现闸门的远方（山南集控中心中控室）监视。

2. 3 号鱼道进口

3 号鱼道进口原设置启闭机，已设计有远方监控。现进行改造，3 号鱼道进口将重新设置启闭机及其现地控制柜。现地控制柜将设置自动和手动控制两种方式，其中自动方式下，现地控制柜内 PLC 将根据水位信号自动启闭 3 号鱼道进口闸门，手动控制方式下，现地控制柜将设置手动启闭 3 号鱼道进口闸门的操作按钮，实现现地手动控制。现地控制柜将与电站计算机监控系统的鱼道现地控制单元（放置在下游副厂房控制盘柜室内）进行连接，通过硬接线方式，现地控制柜接收来自鱼道现地控制单元的 DO 开出命令，实现 3 号鱼道进口闸门的远方（山南集控中心中控室）控制。同时，现地控制柜通过通信方式（通信端口暂定为 RS485，通信协议暂定为 MODBUS）上送相关设备的状态信息和报警信息，实现闸门的远方（山南集控中心中控室）监视。

3. 4 号鱼道进口

4 号鱼道进口原设置启闭机，已设计有远方监控。现进行改造，4 号鱼道进口将重新设置启闭机及其现地控制柜。现地控制柜将设置自动和手动控制两种方式，其中自动方式下，现地控制柜内 PLC 将根据水位信号自动启闭 4 号鱼道进口闸门，手动控制方式下，现地控制柜将设置手动启闭 4 号鱼道进口闸门的操作按钮，实现现地手动控制。现地控制柜将与电站计算机监控系统的鱼道现地控制单元（放置在下游副厂房控制盘柜室内）进行连接，通过硬接线方式，现地控制柜接收来自鱼道现地控制单元的 DO 开出命令，实现 4 号鱼道进口闸门的远方（山南集控中心中控室）控制。同时，现地控制柜通过通信方式（通信端口暂定为 RS485，通信协议暂定为 MODBUS）上送相关设备的状态信息和报警信息，实现闸门的远方（山南集控中心中控室）监视。

5.3.3　增设鱼道休息池

新增 2 处休息池。后期结合池室尺寸的现场测量情况和鱼道过鱼效果监测的试验成果，选取鱼类上溯屏障区增设休息池。

5.3.4　鱼道人行通道

在鱼道两侧边墙顶部设置成品热镀锌球形节点钢栏杆扶手，热镀锌栏杆，壁厚 3.0mm，管径 50mm。采用国标标准 GB 17888.3。要求工厂生产，焊接均匀，无虚焊。

鱼道 1 号进口两侧边墙顶部设置热镀锌格栅板人行通道，使运行参观人员可以通达鱼道 1 号进口顶部。

为保障人员通行安全，提升人员沿程巡视鱼道过程中的舒适性，在岸坡段鱼道增设 7 处成品钢结构鱼道人行通道，在盘旋段增设鱼道间的钢结构通行梯步。

5.3.5　鱼道自动升降机

在鱼道进口和出口部位，以及鱼道中间每隔 50m 段设置电动自动升降机，升降机用于完成鱼道底部和鱼道顶部之间的检修人员、机械、物资、沉渣等运送工作。

鱼道自动升降机靠电力驱动，其主要结构包括升降机桁架、升降机轿厢、动力装置以及安全限位装置等。升降机安全提升降落高度在 0～25m。

5.3.6　工业电视

为鱼道监视方便，拟补充鱼道的工业电视系统，并利用电站原工业电视网络进行数据传输，实现鱼道的远程（电站和集控中心）可视化监视。监控点位配置见表 5-3。

表 5-3　　　　　　　　　　鱼道工业电视摄像头点位配置

序号	安装地点		摄像机编号	摄像机类型	数量	用途
1	鱼道进口段	鱼道 1 号进口	TV-YD-01	网络枪式摄像机	1 台	鱼道沿线安全观测
2		鱼道 3 号进口	TV-YD-02	网络枪式摄像机	1 台	
3		鱼道 4 号进口	TV-YD-03	网络枪式摄像机	1 台	
4		鱼道 3 号休息池	TV-YD-04	网络枪式摄像机	1 台	
5		鱼道 4 号休息池	TV-YD-05	网络枪式摄像机	1 台	
6		鱼道 5 号休息池	TV-YD-06	网络枪式摄像机	1 台	
7		鱼道 6 号休息池	TV-YD-07	网络枪式摄像机	1 台	
8		鱼道新增 1 号休息池	TV-YD-08	网络枪式摄像机	1 台	
9		鱼道 7 号休息池	TV-YD-09	网络枪式摄像机	1 台	
10		鱼道新增 2 号休息池	TV-YD-10	网络枪式摄像机	1 台	
11	鱼道出口段	鱼道 1 号出口	TV-YD-11	网络枪式摄像机	1 台	
12		鱼道 2 号出口	TV-YD-12	网络枪式摄像机	1 台	
13		鱼道 3 号出口	TV-YD-13	网络枪式摄像机	1 台	
14		鱼道 4 号出口	TV-YD-14	网络枪式摄像机	1 台	

主要设备的技术参数要求如下：

（1）网络枪式摄像机。采用一体化网络枪式摄像机。摄像机必须具备 CCC/CE/中国公安部认证等。基本要求如下：

1）不低于 1/4″ CCD，逐行扫描，具有高清晰，高灵敏性能。

2）有效像素：768×576（水平×垂直）。

3）电子快门：1/50～1/10 000s。

4）焦距：3.0～8.0mm。

5）不低于 2.7 倍光学变焦，自动光圈。

6）光圈：F1.0（广角），F1.45（望远）。

7）最低照度：彩色：0.2lx；黑白：0.02lx。

8）压缩方式：MPEG－4/H.264。

9）摄像机输出接口：网络端口（RJ45）。

10）配套提供电动云台、防护罩等。

（2）区域交换机。采用智能型快速工业级以太网交换机，传输速率不低于 100Mbps。区域交换机均配置现地控制箱，控制箱采用落地式安装，控制箱内装有电源模块、开关、端子排等必要设备。现地控制箱外来电源均采用交流 220V 供电。

交换机满足如下技术要求：

1）背板交换速率：≥4Gbps。

2）交换机设备具有工业级安全认证 cUL508，支持 SNMP V3，可以暂时关闭不用端口，支持端口与所连接设备的 MAC 地址绑定等网络安全功能。

3）交换机支持 SNMP V3 网络管理功能，提供网络交换机自动搜索管理软件，便于系统管理权限的划分，能在未设定 IP 地址或 IP 地址重复的情况下也能自动发现连接在网络上的工业以太网交换机。

4）为了实现网络设备的时间同步，交换机支持 RFC1769 SNTP 简单网络时间协议。

5）交换机能传送图像。

6）交换机采用 24VDC 电源输入，采用无风扇结构，允许运行温度范围为 0～60℃，运行湿度 10%～95%（无凝露），电磁兼容性指标应满足工业要求。

7）交换机在常温下 MTBF 值（平均无故障时间）均要求在 1 年以上，当发生链路故障时恢复时间小于 500ms。

8）交换机端口要求如下：RJ45 以太网口不少于 6 个。

5.4　小　　结

鱼道出口明渠段、过坝段与大坝结合，系挡水建筑物，按 2 级建筑物设计，其他部分按 3 级建筑物设计。

鱼道出口明渠段、过坝段洪水标准按 500 年一遇洪水设计，2000 年一遇洪水校核；鱼道尾水渠段与厂房尾水闸墩、尾水渠导墙结合布置，顶高程控制性水位为电站 6 台机组满发尾水位 3248.05m。

鱼道出口明渠段、过坝段抗震设防类别为乙类，其他部分抗震设防类别为丙类。鱼道出口明渠段、过坝段等挡水建筑物按 50 年超越概率 5%的地震基岩动峰值加速度 190.3cm/s² 进行设计。鱼道其他部分、工程边坡等按 50 年超越概率 10%的地震基岩动峰值加速度 140.8cm/s² 进行设计。

工程鱼道结构形式为竖缝式，沿线主要由进口（设置有补水系统）、尾水渠段、暗涵段、岸坡段、过坝段、出口明渠段、出口等部分组成，全长 3683m。

鱼道尾水渠段与尾水渠左侧导墙及尾水闸墩结合布置；鱼道暗涵段与厂房防洪墙结合布置，并设置通气孔；鱼道岸坡段利用尾水渠下游护岸、混凝土拌和系统台地、白沟坡地进行布置，逐步爬升；大坝右岸下游边坡已完成开挖，边坡陡峭，没有可作为鱼道基础的平台，该段鱼道采用岩壁梁及贴坡混凝土作为基础。

鱼道在 19 号坝段处穿过大坝，该区段鱼道底坡 $i=0$，可兼作休息池用。

出口明渠段利用大坝右岸上游边坡进行布置，逐步爬升。

根据地形地质条件，采用连续基础、牛腿基础、岩壁梁基础、支墩基础、贴坡混凝土基础等，满足鱼道线路布置和纵坡要求。

鱼道自 2016 年运行以来，保持着较好的过鱼效果，但是在运行监测过程中发现仍然有需要完善之处。2017 年 10 月 12 日至 13 日，国家生态环境部检查组对电站环境保护工作进行了监督检查，提出了鱼道进一步升级优化的相关工作清单。华能雅鲁藏布江公司于 2017 年 12 月 27 日召开专题会安排部署鱼道优化升级工作，并且已经开展了鱼道池室复核优化和休息池补建等相关工作。鱼道尾水渠段边墙加高工作由于涉及坝下清淤、坝下水位复核、流场分析和结构受力安全分析等工作，相对复杂很多，因此暂未开展。本专题针对鱼道尾水渠段边墙加高方案进行分析和论证，以完善鱼道相关功能，最大程度上保障鱼道在主要过鱼季节的过鱼效果。

鱼道优化设计推荐鱼道尾水渠边墙加高方案为 1 号鱼道进口～3 号鱼道进口区间 [（鱼 1）0＋016.909～（鱼 1）0＋151.179，共 134.270m]鱼道边墙采用钢筋混凝土加高至 3255.00m 高程。尾水闸墩段 [（鱼 1）0＋151.179～（鱼 1）0＋285.042，共 133.863m] 鱼道双侧边墙采用钢筋混凝土加高至 3255.00m 高程；岸坡段 [（鱼 1）0＋483.179～（鱼 1）0＋564.735，共 81.556m] 鱼道双侧边墙采用钢筋混凝土加高至 3255.00m 高程。加高的边墙和鱼道基础采取锚筋和钢筋混凝土横撑进行加固。鱼道尾水渠段边墙加高至 3255m 方案可满足藏木鱼道尾水渠段边墙不被淹没的保证率在 3～6 月为 100%，7～10 月为 91.1%，且防止鱼道内泥沙淤积能力更强及整体形象面貌提升作用最大，同时对水位适应的能力更强、维护工作量更小。同时，本专题在考虑鱼道功能完备的基础上，需通过美化进口启闭机房、增设人行通道及防护栏、增设自动升降机等设计使鱼道在技术的先进性和工程的美观性能够达到总体提升的目的。鱼道建成运行后需开展 3～5 年的持续监测需对鱼道持续进行优化改进。

主要建筑物设计

6.1 进 口 设 计

6.1.1 进口布置原则

鱼道进口布置遵循以下原则：

（1）常年有水流下泄的地方，避开主流，紧靠流速较小主流的两侧；

（2）位于坝下游鱼类能上溯到的最上游处（流速屏障或上行界限）及其两侧；

（3）水流平稳顺直，水质鲜肥的区域；

（4）坝下游两侧岸坡处；

（5）能适应下游水位的涨落，保证在过鱼季节中进鱼口有一定的水深（大于1.0m）；

（6）进水口与河床间不应有陡坎，应由砂卵石等铺筑成缓坡连接。

6.1.2 坝下运行水位及水力条件

左侧河道为泄洪系统，宽约140m；右侧布置厂房发电系统，厂房尾水渠宽约140m。泄洪时段为6月中旬至10月中旬，泄洪时流速较大，水流紊乱，对鱼类形成阻隔，左侧河道不适合鱼道进口布置。每年过鱼期主要集中在3～6月，此时厂房尾水为主要过水通道，左侧河道处于回流状态，通过模型试验验证：尾水渠水力学条件是适合布置鱼道进口的。

尾水水力学模型结合枢纽布置整体模型进行，模型比尺为1∶60，模型包括上下游库区（其中上游模拟坝轴线上游约600m，至坝轴线下游约1100m）。电站机组运行时，下泄水流可以起到诱鱼的作用，但是流速太小达不到诱鱼效果，而流速过大会影响鱼类上溯，鱼道进口附近水流也不宜有漩涡、水跃和大环流，鱼道进口高程也受到下游水位的影响，故需对不同机组运行时的下游河道流速流态进行观测。

试验中对 1 台机组运行直至 6 台机组运行分别进行了水面线和流速分布的量测，量测成果表明，各个工况下，下游流态较好，无漩涡、跌水、水跃等不良流态。一台机组运行时流量较小，大部分能量在尾水渠倒坡内被消耗，尾水渠内与河道内流速分布均较均匀，没有回流；2 台机组运行时，开启不同机组，仅对尾水渠内水流流场存在影响，对下游河道流场影响较小；3~6 台机组，随着开启机组数量增加，过流量增大，尾水渠和下游河道内流速均有所增加，尾水渠内流速分布不太均匀，河道内流速分布较均匀，实测最大流速1.58m/s（出现在 6 台机组运行工况）。

6.1.3　进口设计参数

鱼道布置有 1 号、3 号和 4 号三个进口：1 号进口位于尾水渠左侧的导墙末端，进口底板顶高程为 3241.00m；3 号、4 号进口分别位于尾水渠左、右两侧的导墙始端，进口底板顶高程分别为 3243.00m、3245.60m。1 号进口段长 11.78m，净宽 1.80m，底坡 $i=0$；3 号进口段长 19.58m，净宽 2.40m，底坡 $i=0$；4 号进口段长 21.343m，净宽 2.40m，底坡 $i=0$。

1 号进口在指向下游及两侧三个方向上各布置一道进鱼缝，缝宽 0.70m，进鱼缝内均设置一道工作检修闸门；3 号、4 号进口在指向尾水渠方向上布置一道进鱼缝，缝宽 0.70m，进鱼缝内设置一道工作检修闸门。

1 号–2 闸门为正向出流，出流方向指向下游，与明渠主流方向相同，鱼道内出流较小，明渠内流量较大，1 号–2 进鱼口出流受明渠水流压迫，对外部流场的影响范围较小，通过水工模型试验发现，在 1 号–2 进鱼口外侧设置导墙，当导墙与轴线夹角 15°时，导墙内主流、水流方向与流速大小基本不变，右侧水流顺着导墙略向外扩，导墙外部流场扰动范围增大，增大进口外的紊流区范围，可以达到更好的诱鱼效果。

藏木水电站坝下水位变化情况：11 月至翌年 5 月，下游来水主要为发电泄水，厂房单机发电最低尾水位 3243.53m，6 台机满发（$Q=1071.3 \text{m}^3/\text{s}$）尾水水位 3248.05m，水位变化范围为 3243.53~3248.05m，变幅为 4.52m；汛期 6~10 月（主汛期 7~9 月），坝下游水位除发电外，随天然来流情况通过溢流坝下泄洪水。厂房尾水设计洪水位 3261.43m（$P=0.5\%$，$Q=12\,400\text{m}^3/\text{s}$），校核洪水位 3262.47m（$P=0.2\%$，$Q=13\,600\text{m}^3/\text{s}$）。

本工程鱼道进口布置在厂房下游，根据电站运行调度方式，在过鱼季节 2~5 月，鱼道进口运行水位主要受大坝发电泄水的影响，该时段电站运行工况为 1~3 台机组运行，鱼道进口水位变化范围为 3243.53~3245.50m，变幅为 1.97m。过鱼季节 6~10 月（主汛期 7~9 月）鱼道进口水位主要受电站发电泄水和泄洪影响，不泄洪时坝下水位变化范围为 3243.53~3248.05m，变幅为 4.52m；泄洪时坝下水位受天然来流情况通过溢流坝下泄洪水的影响，泄洪时段鱼道不运行。

6.1.4　推荐进口运行方式

不同机组台数发电运行时，下游水深不同，为适应不同的下游水深，减少进口补水量，1 号、3 号和 4 号进口应按如下工况运行：

（1）1~2 台机组发电：运行 1 号进口。

（2）3~4 台机组发电：运行 3 号进口。

（3）5~6 台机组发电：运行 3 号和 4 号进口。

（4）泄洪时段：鱼道不运行，各进口均处于关闭状态。

根据运行调度方式，鱼道主要过鱼季节（3~6 月）的主要运行工况如下：

（1）3~5 月，日均负荷为 15.68 万~16.85 万 kW，单机容量为 8.5 万 kW，可以判断电站运行工况为 1~3 台机组运行，期间由于电网调度，3 台机组同时发电时段较短；

（2）6 月，日均负荷为 28.20 万 kW，单机容量为 8.5 万 kW，可以判断电站运行工况为 1~4 台机组运行，期间由于电网调度，4 台机组同时发电时段较短。

水工模型试验表明，一台机组运行时，鱼道启用 1 号进口，进口附近流速变化范围为 0.47~0.90m/s；两台机组运行时，鱼道启用 1 号进口，进口附近流速变化范围为 0.31~1.27m/s；三台机组运行时，鱼道启用 3 号进口，进口附近流速变化范围为 0.3~0.5m/s；四台机组运行时，鱼道启用 3 号进口，进口附近流速约为 0.6m/s 左右。在分散开启机组的情况下，主要过鱼季节（3~6 月），鱼道各进口均能够满足有效过鱼的需求。

6.2 池 室 设 计

6.2.1 池室形式研究

1. 池室结构比选

根据国内外已建工程经验，常见鱼道结构形式主要分为槽式、池式和组合式。槽式包括简单加糙型和丹尼尔型；池式包括溢流堰式、竖缝式、底（潜）孔式；组合式包括堰孔、堰缝组合式。鱼道形式的选择根据过鱼对象的特性、工程运行条件、工程地形地质条件选择合适鱼道类型，不同鱼道形式比选详见表 6-1。

表 6-1   不同鱼道形式比选

类型	槽式鱼道	池式鱼道		
	丹尼尔型	溢流堰式	垂直竖缝式	底（潜）孔式
优点	结构简单，安装建造方便	适用于非常小的鱼和爬行种类	上游水位在较大范围内变动，水池不易被淤积	水流的紊动度小，对上游水位变动的适应性好
缺点	没有休息区，流速大、水流紊动大、易淤积	流量增大时水池水流紊动大，不能适用上游水位大变动，易淤积	竖缝易被碎屑杂物堵塞，维护要求高	孔口上部水深较小时，孔口前有立轴旋涡流出现，有掺气，不利于过鱼
适应鱼类	适用于中大型鱼类	适用于大多数鱼类，尤其是表层鱼和喜跳跃鱼类	适用于大多数鱼类，除了爬行类和需堰流激起跳跃的鱼类	适用于中下层鱼类
适用水位	上、下游水位差较小	上游水位变幅小	上游水位变化可较大	上游水位变动可较大
比选	不适用	不适用	适用	适用

由表 6-1 可知，垂直竖缝式鱼道能够适应上下游水位的变化，且表层鱼类和底层鱼类都可以适应垂直竖缝式鱼道，更利于上下游各种鱼类的交流。

垂直竖缝式鱼道通过沿程摩阻、水流对冲及扩散消能，可有效改善流态和降低过鱼竖缝流速（鱼道内流态示意见图 6-1 和图 6-2），在一定的长度范围内可以使鱼道流速降低到鱼类耐受的极限流速以下，确保鱼类成功上溯。

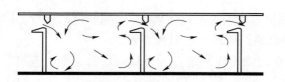 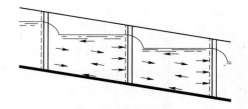

图 6-1　垂直竖缝式鱼道内流态（俯视图）　　图 6-2　垂直竖缝式鱼道内流态（剖面图）

本工程过鱼对象主要为裂腹鱼类和鳅科鱼类，这些鱼类习惯栖息于不同的水层，竖缝式鱼道由于竖缝流速上下基本一致，因而适合各种水层生活的鱼类，过鱼种类较广，在保证过鱼对象通过鱼道的同时，可以最大限度地起到沟通上下游鱼类交流的目的。另外，本工程上游水位变幅较大，只有垂直竖缝式鱼道能够适应这样的水位变幅。

近几年来，国外对垂直竖缝式鱼道的研究与实践取得了巨大成就，特别是加拿大和美国，在该领域的研究居世界领先水平，新建和改建了一大批垂直竖缝式鱼道，并对新建和改建后的鱼道进行了跟踪评估，用事实证明了垂直竖缝式鱼道的优越性。

澳大利亚将加拿大和美国主要用于鲑科鱼类的垂直竖缝式鱼道进行适当的修改，并用于鲱科、鲇科等 20 多个非鲑科鱼类品种的过鱼，新建和改建了几个鱼道，并对过鱼效果进行了跟踪评估。结果表明，垂直竖缝式鱼道不仅适合于鲑科鱼类，对澳大利亚的 20 多个非鲑科鱼类品种同样具有非常好的过鱼效果，在原来的池堰式鱼道改为竖缝式鱼道之后，过鱼数量大大增加。澳大利亚相关政府部门已经决定在今后的一段时间内，将逐渐把原来的一些过鱼效果较差的池堰式鱼道改造成垂直竖缝式鱼道。

本工程上下游水位均存在较大变幅，在常用的隔板形式中，垂直竖缝式鱼道适应上下游水位的变化最强。而且，表层鱼类和底层鱼类都可以适应垂直竖缝式鱼道，更利于上下游各种鱼类的交流，因此，综合考虑工程特性和过鱼对象生态习性，本工程鱼道形式推荐采用垂直竖缝式。

2. 插板形式比选

该工程共选取 6 种竖缝式池室结构，鱼道池室具体尺寸及插板形式见图 6-3。

根据水工模型试验结果，经过流态与流速的综合比较，体型 C、体型 D 和体型 E 三种体型效能效果和流态较好。本工程选用体型 C 的隔板形式。

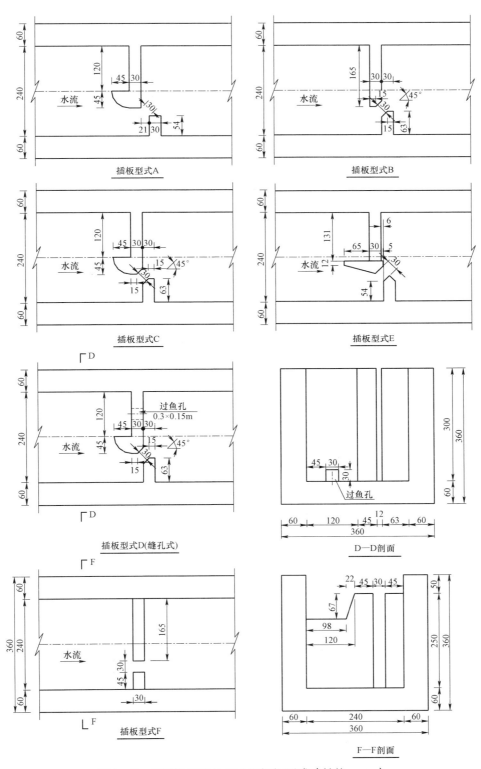

图 6-3 鱼道池室具体尺寸及插板形式（单位：cm）

6.2.2　池室尺寸

1. 竖缝宽度

竖缝宽度与鱼类个体大小、池室大小、消能效果、流速控制、水位落差等因素有关。为使垂直竖缝可以满足多数鱼类的通过需求,一般要求竖缝式鱼道的竖缝宽度不小于过鱼对象体长的 1/2。根据表 3-6,该工程过鱼对象最大体长约 0.6m,因此,鱼道竖缝宽度取 0.3m。

2. 池室宽度

鱼道池室宽度主要由竖缝宽度以及过鱼量、过鱼种类、个体大小决定;过鱼量越大,过鱼个体越大,鱼道池室宽度要求越大。

国外鱼道池室宽度多为 2~5m,国内鱼道池室宽度多为 2~4m,如我国湖南洋塘鱼道池室宽度为 4m,广西长洲鱼道池室宽度为 5m。该工程影响水域分布的鱼类无典型洄游习性,出现短时间大量鱼类集中洄游的概率较小,鱼道的过鱼负荷不大,池室宽度 2~3m 的鱼道即可满足一般鱼类的通过需求。

查阅相关文献,参考 N.Rajaratnam 等发表的《New designs for vertical slot fishways》关于竖缝式鱼道的研究,其中第 18 种形式流态较好,竖缝宽度和池室宽度的比例关系为 1:8,鱼道竖缝宽度取 0.3m,综合考虑鱼道内流态以及过鱼量需求,鱼道池室宽度取 2.4m。

3. 池室长度

池室长度与水流的消能效果及鱼类的休息条件关系密切,同时也直接影响鱼道的全长。较长的池室,水流条件较好,休息水域较大,对于过鱼有利;同时,过鱼对象个体越大,池室长度也应越大。为保证池室内的流态及缓流区的面积,一般池室长度与池室宽度的比例关系为 1:1.2~1:1.5。

根据《New designs for vertical slot fish ways》关于第 18 种鱼道形式研究成果,竖缝宽度和池室长度的比例关系为 1:10,综合考虑鱼道内流态以及过鱼量需求,鱼道池室长度取 3m。

4. 池室深度

鱼道水深主要视过鱼对象习性而定,底层鱼和体型较大的成鱼相应要求水深较深,国内外鱼道深度一般为 1.0~3.0m。该工程过鱼对象多喜浅水砾石生境,结合上下游水文资料,确定鱼道正常运行设计水深为 1.0~2.7m,鱼道池室深度取 3.5m,以防止鱼道运行时水流波动外溢。

雅鲁藏布江分布的大多鱼类有喜急流、砾石底质流态的特性,考虑鱼道底部铺以 0.2m 厚的鹅卵石或砾石块,平均粒径为 6~12cm。在混凝土凝固前,将形成支撑结构的大石头嵌入混凝土,细小的底质则可随意添加。底质的组成应和该河流底质相近,尽可能地接近自然。石块粒径不同,可形成各种大小不同的缝隙,小鱼、幼鱼,尤其是底栖无脊椎动物可以进入流速较小的缝隙休息。

6.2.3　鱼道坡度

池间落差决定了过鱼竖缝处的流速以及池室内部流态,按以下公式确定:池间落差

$\Delta h = v^2/2g$，其中 v 为过鱼竖缝处的流速；

鱼道纵坡为 $i = \Delta h/l$，其中 l 为池室长度。

根据水工模型试验结果，当坡度调整为 2% 时，竖缝中垂线流速值为 1.04～1.17m/s，平均流速为 1.05～1.10m/s，满足鱼道的设计流速要求。

6.2.4　休息池设计

鱼道（鱼 1）0＋872.189～（鱼 1）2＋703.416 段沿线原则上每爬升 4.5m 设置一处休息池，共布置了 6 处外扩休息池，休息池底坡与鱼道相同，供鱼类上溯过程中暂时休息，恢复体力，有利于鱼类的继续上溯。此外，鱼道各进口段、集鱼池、过坝段、鱼道各出口段等部位，水流速度缓慢，也可作为鱼类休息场所使用。鱼类上溯过程中，沿线共计有 14 个场所可供休息，恢复体力。

6.3　出　口　设　计

6.3.1　出口布置原则

鱼道出口的位置选择要求：

（1）能适应上游水位的变动。在过鱼季节，当坝上水位变化时，能保证鱼道出口有足够的水深，且与水库水面较好衔接。

（2）出口应远离厂房、泄水闸，防止上溯成功的鱼被水流带回下游。

（3）出口应靠近库岸，出口外水流应平顺，流向明确，没有漩涡，以便鱼类能够沿着水流和岸边线顺利上溯。

（4）出口应远离水质有污染及对鱼类有干扰和恐吓的区域。

（5）鱼道出口迎着上游水流方向，便于鱼类游出鱼道。

按照上述原则，从大坝左侧出口正对溢流坝段，对上行鱼类影响较大，所以本工程鱼道出口仅能选择在大坝右岸的上游侧，距厂房进水口约 560m 处，鱼道出口与厂房有较远的距离，且流速较小，上溯成功的鱼不会被水流带回到坝下游。

6.3.2　库区水位变幅及水力条件

1. 库区水位变幅

电站的正常蓄水位为 3310m，汛期排沙运用水位 3305m，死水位为 3305m。电站的水库运行方式为：汛期（6～10 月）水库维持汛期排沙运用水位，其他时间水库带基荷按日调节方式运行，水位在正常蓄水位 3310m 与死水位 3305m 之间变动，变幅为 5m。

鱼道出口布置于库区，出口水位受水库运行方式影响。在过鱼季节 2～5 月，鱼道出口水位在正常蓄水位 3310m 与死水位 3305m 之间变动，变幅为 5m；过鱼季节 6～10 月鱼道出口维持水位 3305m 运行。

2. 水力条件

电站为径流式电站，水库正常蓄水位为 3310.00m，死水位为 3305.00m。根据电站取水要求，水库水位不能低于 3305.00m，故电站鱼道出口日水位变幅为 3305.00～3310.00m，变幅 5.0m。

鱼道结构采用竖缝式，实测过鱼竖缝流速为 1.01～1.08m/s。当鱼道纵坡 i 取 2%，每段鱼道长取 3.0m 时，过鱼竖缝处的流速为 1.058m/s，满足鱼道的设计流速要求。鱼道正常运行水深设计为 1.0～2.70m。

6.3.3 出口设计参数

鱼道共布置有 4 个出口，底板高程分别为 3304.00m、3305.00m、3306.00m 和 3307.50m，底坡 $i=0$，边墙顶高程高于正常蓄水位 2m，为 3312.00m。为使鱼类顺利通过，鱼道前 3 个出口与鱼道轴线夹角为 60°，指向上游，第 4 个出口与鱼道轴线顺接。鱼道 4 个出口各布置有一道出鱼孔，孔宽 1.50m，高 3.00m，出鱼孔内均设一道工作闸门。

6.3.4 推荐出口运行方式

1. 出口运行方式比选

鱼道比较了闸门即时调整和闸门特征水位调整两种出口运行方式。

（1）闸门即时调整。闸门即时调整的出口运行方式：闸门向下开启，向上关闭；开启一个出口为出鱼口，随着库水位降低（升高），即时开启（关闭）相邻低（高）高程出口到一定开度补充（减少）鱼道流量，维持鱼道内流量、水深稳定。

（2）闸门特征水位调整。闸门特征水位调整的出口运行方式：闸门向上开启，向下关闭；各出口闸门只有库水位达到预先设定的特征水位才开启（关闭），鱼道内水深、流量随库水位和闸门开启（关闭）变化而变化。

（3）出口运行方式比选。闸门即时调整的运行方式可保持鱼道内流量、水深稳定；但需感应库水位，即时调整闸门开度，运行管理较为复杂，可靠性低；闸门随着水位的变化，即时调整开度，一直处于工作状态，闸门极易磨损破坏。

闸门特征水位调整的运行方式鱼道内水深、流量随库水位和闸门开启（关闭）变化而变化；闸门只在特征水位时才开启（关闭），运行管理较为简单，可靠性较高；各闸门只在特征水位才开启或关闭，不需一直处于工作状态，有利于避免闸门磨损破坏。

经综合比较，鱼道出口运行方式选择闸门特征水位调整。

2. 出口运行方式

为保证鱼道内水深满足要求，且不溢出鱼道，4 个出口须在不同的水位时开启（关闭），鱼道各出口运行方式见图 6-4。

鱼道运行的最大水头为 2.7m，在鱼道出口开闸初始充水时，闸门后至第一道插板之间出现最大流速，经计算，流速为 6m/s，流速较小，不会对鱼道底部冲刷破坏。

为保证鱼道安全，大坝泄洪时应关闭 19 号坝段内鱼道事故检修闸门，不得使用鱼道泄洪。

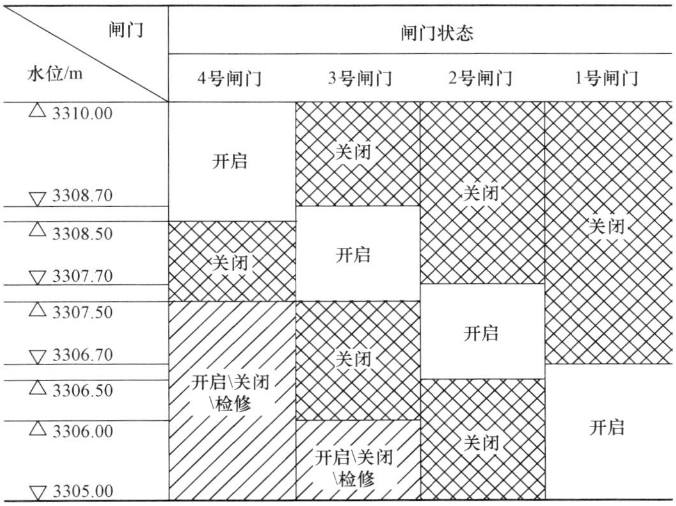

图 6-4 鱼道各出口运行水位图

6.4 诱鱼系统设计

6.4.1 诱鱼方案

为了保持鱼道进口达到较好的诱鱼效果,通常需根据过鱼设施类型、过鱼对象生态习性、河道地形、地貌、地质条件等选择诱鱼设施。常见的诱鱼设施有水流、电栅、声、光、气幕等诱导设施,目前,通过水流诱鱼是目前认为最有效的诱鱼手段。因此,本工程选用运行不同鱼道进口,在不同运行水位下对鱼道进口段进行补水,通过水流对鱼类进行诱导的诱鱼措施。

6.4.2 补水诱鱼系统设计

1. 进口补水量

藏木水电站鱼道内流量较小,为 0.27~0.74m³/s,为达到更好的诱鱼效果,需对鱼道进口进行补水。根据电站不同机组台数发电运行工况对鱼道进口流速的要求,确定鱼道补水方案:1 号、4 号进口内设置集中补水池,1 号进口补水池尺寸 9.78m×1.80m×2.25m(长×宽×深),4 号进口补水池尺寸 4.00m×2.21m×2.00m(长×宽×深);3 号进口内设置集中和分散补水池,集中补水池尺寸 10.05m×1.80m×3.00m(长×宽×深),分散补水池尺寸 2.70m×2.40m×1.00m(长×宽×深)。

根据水工模型试验成果,施以适当的流量进行补水后,鱼道进口附近流速可以满足过鱼对象的游泳能力(0.9~1.2m/s)需要,起到一定的诱鱼作用。鱼道不同运行水位对应的补水方案见表 6-2。

表6-2　　　　　　　　　　　　　鱼道各进口补水方案表

水位　＼　方案	1号进口 补水流量/(m³/s)	1号进口 补水位置	3号进口 补水流量/(m³/s)	3号进口 补水位置		4号进口 补水流量/(m³/s)	4号进口 补水位置
3247.30（含）~3248.00	不补水		3.00	进口分散补水池补入流量占10%	进口集中补水池补入流量占90%	1.30	进口集中补水池
3246.60（含）~3247.30			2.50			0.80	
3245.50（含）~3246.60			2.10			不补水	
3244.60（含）~3245.50			1.30				
3243.50（含）~3244.60	2.00	进口集中补水池	不补水				
3243.50 以下	1.30						

2. 补水水源选择

根据电站的实际情况，鱼道进口补水水源可选择下游尾水渠水泵取水及上游水库自流补水两种方式，两方案比较如下：

（1）若采用下游尾水渠水泵取水方案，有两种水泵布置方式可供选择：①鱼道进口处就近布置抽水泵；②下游尾水渠岸边集中布置水泵。前者由于水泵就近鱼道进口布置，水泵运行时的噪声及水泵抽水时造成的水流流态变化可能会干扰鱼类正常洄游；后者需要在尾水渠岸边修建取水泵房并配置相应起吊设备，且补水管路较长、水泵扬程相对较高。除此之外，水泵取水方案由于补水流量较大、水泵配置数量较多，电机耗电量、设备运行管理及后期维护都是较大问题。

（2）鱼道的过鱼季节为2~10月，其中主要过鱼季节为3~6月，而电站泄洪时段为6月中旬至10月中旬，主汛期7~9月。若采用上游库区自流供水方式，可在主要过鱼时间段利用电站的弃水进行鱼道补水，既满足了鱼道补水量要求，又可避免水能浪费。

综上考虑，鱼道进口补水水源最终选择为上游水库，通过减压后自流补水。

3. 补水设备及管路布置

（1）取水、补水管路及阀门。藏木水电站鱼道的上游水库取水口设置在18号坝段，通过一根φ1016×14.2mm取水总管引至安装间上游侧EL.3261.00m平台上，取水总管上设有一只电动流量调节阀，流量调节阀后分为3根补水支管分别引至1号、3号、4号进鱼口补水池。

1号、3号、4号进鱼口补水支管的管径分别为φ914×12.5mm、φ1016×14.2mm、φ711×12.5mm，每根补水支管上均装设有一只电动蝶阀，电动蝶阀通过尾水位的变化相应开启或关闭。此外，3号进鱼口补水管上另设有一根φ355.6×10mm的支管，单独接至3号进鱼口上游第17个鱼池补水池，该支管上装有流量计及电动阀，可监测及调节支管的补水流量。

（2）鱼道进、出口自动化元件。在尾水闸墩及 1 号鱼道进口处装设有投入式水位变送器，各进鱼口补水支管电动蝶阀根据水位变送器采集的下游尾水水位信号自动开启、关闭，取水总管上的电动流量调节阀相应自动调整补水流量。

在 2 号、3 号鱼道出口处装设有投入式水位变送器，根据水位变送器采集的上游水库水位信号控制开启相应的鱼道出口闸门。

（3）其他。考虑到汛期通过鱼道出口引入的天然河水含沙量较大，同时鱼道在经历过鱼季节后长时间停用后进口补水池可能存在积沙现象，在各鱼道进口补水池中均设有吹扫泥沙的压缩空气管路，压缩空气管路接至全厂低压气系统。

6.4.3   暗涵段灯光诱鱼系统设计

暗涵段灯光诱鱼系统设计，利用鱼类的趋光性，在初期，鱼道进口明渠段采用自然光引导鱼类，在鱼道进口明渠段后部设置暗涵段，在暗涵段布置一组 LED 灯带做为诱导光源，所有灯带沿涵洞顶部明敷固定。

电源的获取方式为，在藏木水电站进厂公路靠近鱼道暗涵段的公路旁设有 400V 鱼道配电中心，电源引自藏木电站 10kV 厂用电配电中心。鱼道配电中心设专用照明箱，供鱼道暗涵段灯光诱鱼照明系统负荷，照明箱进馈线回路均为 380V 电压，共设 10 个馈线回路，沿鱼道暗涵段顶部穿管敷设。LED 灯带需采用 DC12V 电源，供电半径约 15m，即每个回路可供附近前后一组（6～7 个）竖缝的 LED 灯带用电。每组竖缝设 6 根 LED 灯带，每根 LED 灯带设一只 AC220V/DC12V 转换电源，每组竖缝的 6 只转换电源集中设在该组中部竖缝的通气孔顶部，与沿鱼道暗涵段顶部敷设的照明箱馈线电线连接，为尽量平衡三相电流，安装时将转换电源交叉接于 A、B、C 相。

6.5   小   结

6.5.1   进口设计

在对坝下运行水位及水力条件进行详细分析及模型验证的基础上，根据鱼道进口布置的基本原则，鱼道共布置有 1 号、3 号和 4 号三个进口，以适应不同过鱼季节下的下游水位变幅。其中，1 号进口位于尾水渠左侧的导墙末端，为低高程进口，3 号、4 号进口分别位于尾水渠左、右两侧的导墙始端，分别为中、高高程进口。

不同机组台数发电运行时，下游水深不同，为适应不同的下游水深，减少进口补水量，当 1～2 台机组发电时，运行 1 号进口；当 3～4 台机组发电时，运行 3 号进口；当 5～6 台机组发电时，运行 3 号和 4 号进口；水工模型试验表明，在分散开启机组的情况下，主要过鱼季节（3～6 月），鱼道各进口附近流速均能够满足有效过鱼的需求。

6.5.2   池室设计

根据国内外已建鱼道工程案例及相关研究成果，确定本工程鱼道竖缝宽度取 0.3m，鱼道池室宽度取 2.4m，鱼道池室长度取 3m，鱼道池室深度取 3.5m，根据水工模型试验结果，当坡度调整为 2%时，竖缝中垂线流速值为 1.04～1.17m/s，平均流速为 1.05～1.10m/s，满足鱼道的设计流速要求。

鱼道沿线原则上每爬升 4.5m 设置一处休息池，此外，鱼道各进口段、集鱼池、过坝段、鱼道各出口段等部位，水流速度缓慢，也可作为鱼类休息场所使用。鱼类上溯过程中，沿线共计有 14 个场所可供休息，恢复体力。

6.5.3　出口设计

在对库区水位变幅及水力条件进行详细分析的基础上，根据鱼道出口布置的基本原则，鱼道共布置有 1 号、2 号、3 号和 4 号四个出口。为使鱼类顺利通过，鱼道前 3 个出口与鱼道轴线夹角为 60°，指向上游，第 4 个出口与鱼道轴线顺接。

在比较了闸门即时调整和闸门特征水位调整两种出口运行方式的基础上，选择闸门按特征水位调整作为鱼道出口运行方式，为保证鱼道内水深满足要求，且不溢出鱼道，四个出口须在不同的水位时开启/关闭。

为保证鱼道安全，大坝泄洪时应关闭 19 号坝段内鱼道事故检修闸门，不得使用鱼道泄洪。

6.5.4　诱鱼系统设计

本书在鱼道进口设置了补水设施，当鱼道内流速不满足过鱼所需的理想流速时，可启用鱼道补水系统，以增加诱鱼效果。运行中可通过流量调节阀准确调节所需的补水流量。

在补水方式的选择上，本书结合电站的水头不高以及汛期有弃水的特点，采用从水库取水、自流补水方式，相比水泵补水方式，是相对较为节能的方式。另外，鱼道补水点设置于鱼道进口，相比沿程补水方式，节省了大量的流量计等设备，给运行维护等减少了工作量。

金属结构、观测设施及附属设施设计

7.1 金属结构设计

7.1.1 进口闸门及启闭设备

鱼道过鱼季节电站下游水位变化较大,一个进口无法适应该变化,在可行性设计阶段,鱼道共设了4个进口,分别为1号、2号、3号和4号。在施工详图设计阶段,从必要性及减少投资等方面综合考虑,优化取消了2号进口,保留了1号、3号和4号进口。运行时,针对不同的尾水位,开启不同的进口运行。

因1号鱼道进口平台所处位置较低,且交通不便,其启闭机又没有远方控制功能,在技施设计阶段,在靠近3号鱼道进口的下游侧鱼道的中部另设了一道节制闸,用以控制1号鱼道进口的过流。

1. 1号鱼道进口工作闸门和启闭设备

1号鱼道进口设置在尾水渠左侧的导墙末端,进口底板顶高程为3241.00m,边墙顶高程3250.00m。1号进口在指向下游及两侧三个方向上各布置了一道进鱼口(分别为1号-1、1号-2、1号-3),宽0.70m,进鱼口开口至进口顶高程3250.00m。根据鱼道设计,开启一个进鱼口就能满足过鱼要求,为了验证哪个进鱼口过鱼的效果更好些,每个进鱼口均埋设有计数传感器,可以统计过鱼数目,经原型观测后,认为过鱼效果最好的那个进鱼口将被永久使用,其余2个进鱼口将用闸门封闭。

1号鱼道进口工作闸门为露顶平面定轮钢闸门,底槛高程为3241.00m,闸门顶部与鱼道边墙同高,闸门高度9m,门叶结构主要材料为Q235B钢,单吊点起吊。门叶分3节制造,节间用连接板连接。闸门面板和止水设在上游侧,侧止水采用P型橡塑水封,底止水采用条形橡胶水封。闸门主支承为悬臂轮,轮径为220mm。

1号进口闸门的操作条件为动水启闭,闸门由电动葫芦现地控制。其中,1号-1闸门采用 50kN 移动式电动葫芦操作,扬程为 16m;1 号 – 2 闸门和 1 号 – 3 闸门采用 50kN 固定式电动葫芦操作,扬程为 16m。另在 1 号 – 1 鱼道进口的边上设了储门槽,供 1 号 – 1 闸门存放。

2. 2 号鱼道节制闸工作闸门和启闭设备

2 号鱼道节制闸共一孔,设一扇工作闸门,闸门为露顶平面定轮钢闸门,底坎高程 3243.00m,孔口宽度 1.8m。闸门按鱼道检修时最高尾水位 3248.50m 设计,闸门高度 6m,门叶结构主要材料为 Q235B 钢,单吊点起吊。闸门面板和止水设在下游侧。侧止水采用 P 型橡塑水封,底止水采用条型橡胶水封。闸门主支承为悬臂轮,轮径 340mm。

闸门的操作条件为动水启闭,用 1250kN 液压启闭机操作。启闭机可现地操作,也可通过下游副厂房保护控制盘柜室的鱼道现地控制单元和电站中控室远方控制。

由于该闸具有远方控制功能,这样 1 号鱼道进口需过鱼的那扇闸门可以经常开启,避免电站运行人员频繁到 1 号鱼道进口现地操作闸门。

3. 3 号鱼道进口工作闸门和启闭设备

3 号进口为一个高水位进口,设置在桩号(鱼 1)0 + 134.789 处,进口底板顶高程为 3243.00m,边墙顶高程 3250.00m。

进口设一扇工作闸门,闸门为露顶平面定轮钢闸门,孔口宽度 0.7m,闸门按鱼道检修时最高尾水位 3248.50m 设计,闸门高度 6m,门叶结构主要材料为 Q235B 钢,单吊点起吊。闸门面板和止水设在鱼道侧,双向止水,侧止水采用 V 型橡塑水封,底止水采用条型橡胶水封。闸门主支承为悬臂轮,轮径 200mm。

闸门的操作条件为动水启闭,用 1250kN 液压启闭机操作。启闭机可现地操作,也可通过下游副厂房保护控制盘柜室的鱼道现地控制单元和电站中控室远方控制。

4. 4 号鱼道进口工作闸门和启闭设备

4 号为另一个高水位进口,设置在右冲沙底孔左导墙上,进口底板顶高程为 3245.60m,进口为孔洞型,孔口高度 4.4m。

进口设一扇工作闸门,闸门为露顶平面定轮钢闸门,孔口宽度 0.7m。闸门按鱼道检修时最高尾水位 3248.50m 设计,闸门高度 3.4m,门叶结构主要材料为 Q235B 钢,单吊点起吊。闸门面板和止水设在鱼道侧。双向止水,侧止水采用 V 型橡塑水封,底止水采用条型橡胶水封。闸门主支承为悬臂轮,轮径 200mm。

闸门的操作条件为动水启闭,闸门用 1250kN 液压启闭机配拉杆操作。启闭机可现地操作,也可通过下游副厂房保护控制盘柜室的鱼道现地控制单元和电站中控室远方控制。

7.1.2 出口闸门及启闭设备

鱼道出口段布置在右岸坝前,按照坝前水位的不同,共布置了 4 个出口,底板高程分别为 3304.00m、3305.00m、3306.00m 和 3307.50m,边墙顶高程为 3312.00m。为使鱼类顺利通过,鱼道 4 个出口与鱼道轴线夹角为 30°,指向上游。每个出口各布置了 1 扇工作闸门。过鱼时,4 个出口不同时开启,针对不同的库水位,开启不同的出口运行。

鱼道 4 个出口的孔口尺寸均为 1.5m×3.0m(宽×高),各布置了一道工作闸门,闸门为平面定轮钢闸门，按正常蓄水位 3310.00m 设计，由于各闸门底坎高程不同，为简化设计，按 4 孔中最大设计水头 6m 设计。闸门门叶结构主要材料为 Q235B 钢，单吊点起吊。闸门面板和止水设在上游侧，顶、侧止水为 P45A 型橡塑水封，底止水采用条型橡胶水封。闸门主支承为悬臂轮，轮径 460mm，闸门动水启闭，采用 100kN 固定式电动葫芦操作。电动葫芦可现地操作，也可通过下游副厂房保护控制盘柜室的鱼道现地控制单元控制。

7.1.3 过坝段闸门及启闭设备

鱼道在 19 号坝段处穿越大坝，该段与 19 号坝段结合布置，在 19 号坝段内设置鱼道。过坝段全长 27m，底板高程 3302.00m，该部分鱼道采用平坡，在桩号（坝）0+008.225 设置一道平面事故闸门，主要用于非过鱼期挡水。

事故闸门孔口尺寸为 2.4m×3.5m，底坎高程为 3302.00m，闸门为平面定轮钢闸门，按正常蓄水位 3310.00m 设计。闸门门叶结构主要材料为 Q235B 钢，单吊点起吊。闸门面板和止水设在上游侧，顶、侧止水为 P45 型橡塑水封；底止水采用条型橡胶水封。闸门主支承为悬臂轮，轮径 600mm。

闸门的操作条件为动水启闭。闸门用 160kN 固定式电动葫芦操作。电动葫芦现地操作。

7.1.4 防腐措施

金属结构设备防腐蚀设计，考虑到电站坝址地处海拔高度达 3300m，空气压力较低；空气温度较低，温度变化较大；空气绝对湿度较小；太阳辐射照度较高；年大风日较多，风沙较大。根据环境条件和运行工况对闸门门叶、门槽埋件和启闭机等设备防腐蚀进行了分类设计，其中鱼道闸门、门槽埋件以及液压启闭机的防腐蚀措施见表 7-1～表 7-3。

表 7-1　　　　　　　　　　　闸门门叶的防腐蚀措施

涂层系统	防腐层种类	防腐层厚度/μm	金属表面质量		备注
			清洁度	粗糙度/μm	
喷锌层	锌	160（最小局部厚度）	$Sa2\frac{1}{2}$	RZ60～100	工厂涂覆
封闭层	环氧类封孔剂	20～30			工厂涂覆
	中间漆采用环氧云铁防锈漆	120			工厂涂覆
	面层采用聚天门冬胺酸酯聚脲面漆	80			工厂涂覆
	面层采用聚天门冬胺酸酯聚脲面漆	60			工地涂覆

表 7-2　　　　　　　　　　　闸门门槽埋件的防腐蚀措施

部位	品种	涂料名称	干膜厚度/μm	金属表面质量		备注
				清洁度	粗糙度/μm	
外露面（除止水面）	底漆	环氧富锌防锈底漆	70	$Sa2\frac{1}{2}$	RZ40～70	工厂涂覆
	中间漆	环氧云铁防锈漆	120			工厂涂覆
	面漆	聚天门冬胺酸酯聚脲面漆	100			工厂涂覆
	面漆	聚天门冬胺酸酯聚脲面漆	60			工地涂覆
与混凝土接触面	涂层	无机改性水泥浆	300～500	Sa1		工厂涂覆

表 7-3 液压启闭机的防腐蚀措施

设备名称	品种	涂料名称	涂层道数	干膜厚度/μm	备注
室外的机架、缸体、管路及其他零部件和埋设件的外露表面	底漆	环氧富锌底漆	2	80	工厂涂覆
	中间漆	环氧云铁防锈漆	2	120	工厂涂覆
	面漆	氟碳面漆	2	70	工厂涂覆
	面漆	氟碳面漆	1	35	工地涂覆
室内的油箱和管路及其他零部件的外露表面	底漆	环氧富锌底漆	2	80	工厂涂覆
	中间漆	环氧云铁防锈漆	2	120	工厂涂覆
	面漆	丙烯酸脂肪族聚氨酯面漆	2	70	工厂涂覆
	面漆	丙烯酸脂肪族聚氨酯面漆	1	35	工地涂覆
埋设件的埋入部分		无机改性水泥砂浆		300	工厂涂覆

7.2 观测设施设计

7.2.1 观测研究室

1. 布置原则

（1）过鱼效果跟踪监测。统计进入鱼道和成功上溯的过鱼数量，过鱼的主要种类及个体大小，评估过鱼设施的过鱼效果，同时为后续改进过鱼设施运行、改善过鱼效果提供科学依据。

（2）兼具参观游览、宣传和演示功能。进口处鱼道观测研究室对游客开放，除满足监测、观察科研的需要外，兼具参观游览、宣传和演示功能。

（3）预留旁通池塘兼顾休息和集鱼系统功能。进口处鱼道观测研究室旁预留旁通池塘，具有鱼道休息池功能，同时可作为后续鱼类标记，统计鱼道过鱼效率的集鱼系统。考虑到本鱼道过鱼效果具有不确定性，预留旁通池塘，在过鱼效果不理想的情况下，过鱼设施改造承担集鱼系统的功能。

2. 鱼道观测研究室（靠进口段）

进口处鱼道观测研究室位于下游河道右岸 2 号公路鱼道旁，建筑平面尺寸长 12.60m，宽 8.00m，建筑面积 99.00m²，主要由游客参观陈列室、鱼道观测室、科研办公室和卫生间等房间组成，为单层框架结构，建筑高度 4.90m，室内地坪高程与鱼道池底高程同高。鱼道观测研究室（靠进口段）平面布置、剖面、立面图详见图 7-1～图 7-3。

（1）游客参观陈列室。游客参观陈列室平面尺寸开间 6.60m，进深 8.00m。设两扇通透抗压安全玻璃，高 2.10m，长 1.50m，间距 1.2m，观测窗的临水面应与外部鱼道壁齐平。室内设置宣传设备，四周墙壁上陈列主要洄游鱼类的情况介绍。室内四壁涂成阴暗的湖绿色，用绿色或蓝色防水灯来照明。

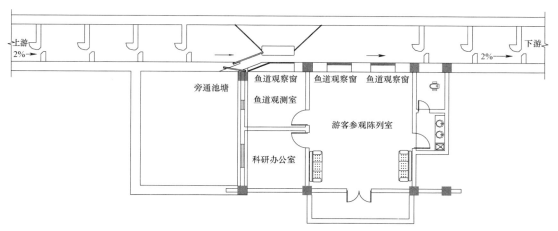

图 7-1   鱼道观测研究室（靠进口段）平面布置图

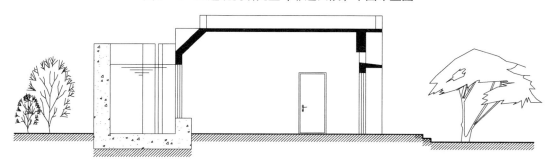

图 7-2   鱼道观测研究室（靠进口段）剖面图

图 7-3   鱼道观测研究室（靠进口段）立面图

（2）鱼道观测室。鱼道观测室平面尺寸开间 4.00m，进深 4.00m。室内主要配置摄像机、电脑、卤素灯等仪器设备，可将鱼类通过鱼道的实况录制下来，供科研人员研究及游客观看。在鱼道和观察室侧壁上设有 2.10m 高通透抗压安全玻璃，为尽可能地扩大观测视角，观察鱼道类鱼类的洄游情况，观测窗设置为折线形。室内四壁涂成阴暗的湖绿色，用绿色或蓝色防水灯来照明。

（3）科研办公室。科研办公室平面尺寸开间 4.00m，进深 4.00m，用于满足工作人员通过录像统计过鱼数量和办公需求。

（4）预留旁通池。观测室旁设计的旁通池室长 7.40m，宽 6.00m，既可以作为鱼道休息池，也可以作为后续捕捞过坝的集鱼池，或者是鱼类标记观测区。旁通池室设置于鱼道

107

观测窗下游处，设置2道闸门，旁通池室入口处和鱼道入口处各设置一道闸门，当不需要集鱼/休息/标记时，关闭旁通池室闸门，开启鱼道闸门，则鱼道正常运行；当需要集鱼/休息/标记时，开启旁通池室闸门，关闭鱼道闸门，鱼和水流进入旁通池塘。

（5）观测室鱼道段池室结构。为满足观察研究的需要，鱼道观测室观测窗对应池室结构需做局部调整，观测室鱼道段池室设置观测板和导鱼板，将鱼类导向观测窗附近，观测窗与观测板的间距为0.45m。鱼道段池室配备日光灯、水下摄像机、声呐回声探测仪等设备。

7.2.2 观测设备

鱼道进口观测研究室、出口观测研究室包括观测计数室内设备、鱼道段池室内设备以及科研设备。观测研究室常用设备见表7—4。

观测计数室内设备主要有摄像机、声呐回声探测仪。

鱼道段池室内设备有水下摄像机，用以记录，同时观察鱼在通道中的姿态，判断鱼类对通道的适应能力和疲劳程度。鱼道设置日光灯管辅助观测，人工光源强度设置可调节。但应尽量减小对鱼的惊扰，并有最佳的观测效果。同时考虑光在水下的散射，吸收等特性，做好光色、光强的选择，合理布置光源和光源的投射方向。观测窗外设置清污设施，便于及时清除玻璃板上的青苔、污物。

配备流速仪等科研设备，用以监测鱼道各种运行工况下的流速情况，便于记录运行效果以及为后期改进运行方式提供依据。

表7—4 观测研究室常用设备

序号	项目	规格及型号	单位	数量	位置
1	观测研究设备				
	水下摄像机		台	2	观测研究室鱼道段
	声呐回声探测仪	DT－X	套	2	观测研究室鱼道段
	卤素灯	EDR－100V－300W	只	16	进口鱼道观测室、出口鱼道观测研究室
	摄像机		台	3	进口鱼道观测室、出口鱼道观测研究室
	电脑		台	2	进口鱼道观测室
	流速仪		台	2	
	日光灯		只	3	观测研究室鱼道段
	清污设施		套	2	
	桌椅柜		套	1	进口科研办公室
	仿自然光源灯		套	1	
2	宣传设备				
	宣传板		个	5	进口游客参观陈列室
	宣传电子设备		套	2	进口游客参观陈列室

7.3 附 属 设 施

7.3.1 电气一次

鱼道配电设置专用照明箱,供鱼道暗涵段灯光诱鱼照明系统负荷,采用 LED 灯带诱鱼,灯带的间距,保证光照的均布性,供电半径不宜超过 15m,为尽量平衡三相电流,安装时可将转换电源交叉接于 A、B、C 相。

7.3.2 电气二次

鱼道电气二次设备包括鱼道闸门和补水阀现地设备控制系统、鱼道集中监控系统等。

（1）在 1 号、3 号和 4 号鱼道进口分别设置启闭机现地控制柜。现地控制柜内 PLC 将依据长期观测累计的最优工况,联动水位信号自动启闭闸门,实现在不同水位和不同工况情况下,鱼类顺利进入鱼道。同时现地控制柜将与电站计算机监控系统的鱼道现地控制单元进行连接,通过接收来自鱼道现地控制单元的命令,实现鱼道进口闸门的远方控制。

（2）在 1~4 号鱼道出口设置闸门的现地控制柜,现地控制柜内 PLC 将根据鱼道顺控流程自动启闭 1~4 号鱼道出口闸门,对鱼类洄游提供最优的路径。现地控制柜同样能接收来自远方的控制命令,实现远方启闭控制。

（3）为满足鱼道各进口的鱼类感应流速要求,鱼道各进口及调节池设有补水管道、阀门及自动化元件,并配置 1 套电动阀控制系统。鱼道电动阀控制系统采用 PLC 控制,控制对象包括电动偏心半球阀,电动调节阀,通过采集供补水系统中电磁流量计、压力变送器、非压力式液位传感器的信号,按照水位和流量的要求,控制电动偏心半球阀的开启和关闭,控制电动调节阀的开度,以达到整个鱼道水流调节效果,保证鱼类的顺利洄游。

（4）为保证鱼道进口和出口闸门,以及鱼道调节阀门的整体协调控制,电站设置一套鱼道监控系统,负责对鱼道所有现地控制系统设备、过流设施、配电系统设备等进行监视和控制,并接入全厂计算机监控系统通信网络中,实现远方对鱼道系统设备的远方操控和监视,并对整个鱼道设施运行联动控制。

鱼道监控系统的监控对象包括鱼道电动阀控制柜、鱼道进口闸门控制柜、鱼道出口闸门控制柜和鱼道配电系统。鱼道监控系统现地控制单元柜内配置一套 PLC 系统,具有较强的独立运行能力,能够完成其监控范围内设备的实时数据采集处理、设置值修改、设备工况调节转换、事故处理等任务,同时具有处理速度快、容错和纠错能力,并带有其监控范围内的完整的数据库。鱼道监控系统现地控制单元具有监视鱼道闸门开度、启闭机系统状态,以及鱼道配电系统运行状况,接收鱼道进口闸门开度、系统压力、系统油温、系统油位的反馈模拟量,采集鱼道启闭机控制系统的各类运行和故障信号,记录鱼道运行数据,实现数据上传,对整个鱼道设施进行联动控制等功能。

7.3.3 通信

利用电站站内通信系统解决电站鱼道进口观测房的通信。

从电站副厂房通信机房音频配线架沿上坝公路敷设 1 根 HYA－10×2×0.5 通信电缆至鱼道进口配电室分线盒（FXH205），在鱼道进口观测室、展览室和配电室分别设置 1 部电话机，其中鱼道进口观测室、展览室设置行政话机，配电室设置调度话机，同时利用电站至山南建设营地集控中心的光纤通信系统，沟通山南建设营地集控中心、电站至鱼道进口观测室、展览室和配电室之间的通信联系，满足鱼道生产调度和行政管理通信的需要。

7.3.4 采暖通风

鱼道观测室内共设置 10 台 2kW 电辐射板用于冬季采暖，总采暖量 20kW。其中，展览室设置 6 台 2kW 电辐射板；陈列室设置 3 台 2KW 电辐射板；观测室设置 1 台 2kW 电辐射板。

鱼道观测室内设置 2 台轴流风机及 2 台换气扇，用于室内换气通风。

7.4 小 结

为满足鱼道运行和检修要求，在鱼道进、出口和过坝段设置了闸门及其启闭设备。

本书设置了 3 个鱼道进口，进口位于尾水，每个进口都设有电动葫芦或液压启闭机操作的闸门；鱼道出口共有 4 个，出口位于库区，每个出口均设电动葫芦操作的闸门。各进出鱼口的底板高程均不相同。运行时，针对不同的尾水位和库水位，开启不同的进、出口闸门运行。此外，在过坝段设置有平面事故闸门，用于非过鱼期挡水，闸门采用电动葫芦操作。根据本书的自然条件，对闸门门叶、门槽埋件和启闭机等设备进行了防腐设计，以延长设备的使用寿命。

水 力 特 性 研 究

8.1 物 理 模 型 试 验

8.1.1 试验目的与内容

根据项目特点与已有研究经验，本书拟采用物理模型试验与数值计算相结合的方法开展相关研究工作：通过对上游库区及下游河道的水流流态及流场进行分析，拟定鱼道布置方案的进口与出口布置范围；通过局部鱼道模型进行验证与水力学指标的量测，确定鱼道水池布置体型与细部结构参数；通过鱼道进口半整体模型试验，研究鱼道进口体型、补水系统体型及补水流量；通过鱼道出口半整体模型试验，研究鱼道出口体型。具体研究内容如下：

（1）鱼道进口研究。通过开展物理模型试验，研究不同运行条件下下游河道的流场结构与水流流速分布，确定鱼道进口的合理布置范围。

观察进口水流流态、流速分布，必要时可优化进口体型和进口位置，保障电站正常运行时，进口处有较大诱鱼流量。

不同库水位闸门按设计要求开启放水时，测量进口区域的水深、流速等。

采取补水措施后，重点观测补水点、补水段池室、进口附近水流流速和流态变化，验证是否满足诱鱼要求。

（2）鱼道段研究。鱼类在进入鱼道进口后，其过鱼效果主要取决于鱼道内的水深、流速和相邻两插板水池间的流态。要求竖缝流速适应过鱼对象的游泳能力（本阶段过鱼竖缝设计垂线流速为 0.9～1.2m/s，平均流速 1.1m/s）；水池内主流明确，需要一定回流，以此来消能，但是回流又不能过于剧烈，范围不能过大，以免鱼类迷失方向，延误上溯时间。鱼道池室研究通过建立竖缝式鱼道局部模型，优化水池的底板坡度、插板形式、竖缝位置等参数，选择满足水力要素和流态要求的水池体型。

建立鱼道半整体水工模型，模拟范围包括鱼道进口、出口、转弯段、出口分岔段、鱼道进口段诱鱼补水系统等。主要研究内容如下：验证鱼道局部模型试验的成果，观测鱼道内水流流态，测定鱼道内的水面线；优化并确定鱼道休息池、转弯段、分岔段的布置体型，避免不利于过鱼的水流流态出现；研究不同运行条件下，鱼道沿程水面线的分布规律；研究竖缝式鱼道的运行方式与运行条件；进行鱼类通过性试验研究，研究鱼类通过常规水池、休息池、转弯段、与分岔段时对水流流态的适应性。

（3）鱼道出口研究。针对上游库区，开展物理模型试验，研究不同运行条件下近坝区的流场结构与水流流速分布，确定鱼道出口的合理布置范围。

观察出口水流流态、流速分布，包括电站机组运行时出口附近流场，确定鱼道出口位置，必要时可优化出口体型，尽量使水流平顺。

8.1.2 模型设计与制作

1. 局部模型

模型按重力相似准则设计，模型为比尺 1∶5 的正态模型。其相关比尺如下：

流速比尺 $\lambda_v = \lambda_L^{1/2} = 2.236$

流量比尺 $\lambda_Q = \lambda_L^{5/2} = 55.902$

糙率比尺 $\lambda_n = \lambda_L^{1/6} = 1.308$

模型用有机玻璃和玻璃制作，鱼道原型糙率 $n_p = 0.014$，换算成模型糙率为 $n_{m0} = 0.010\,7$。根据经验，有机玻璃板制作的模型糙率约为 0.008，即该模型的模型糙率略偏小，试验中对一段模型（10 个鱼池 + 1 个休息池）做了加糙处理，使糙率达到 $n_{m0} = 0.01$ 左右，试验表明加糙处理前后鱼道内水深和流速变化很小，因此未加糙有机玻璃模型对试验结果影响较小。

局部模型分为 3 部分：① 进口段模拟范围长 120m，包括一个进口，26 个水池，部分下游尾水渠；② 池室段模拟范围长 108m，包括 30 个水池，3 个休息池；③ 出口段模拟范围 100m，包括两个出口，27 个鱼池。

2. 整体模型

模型按重力相似准则设计，整体模型试验为比尺 1∶60 的正态模型，其相关比尺如下：

长度比尺 $\lambda_L = 60$

流速比尺 $\lambda_v = \lambda_L^{1/2} = 7.75$

流量比尺 $\lambda_Q = \lambda_L^{5/2} = 27\,885$

糙率比尺 $\lambda_n = \lambda_L^{1/6} = 1.978\,6$

模型包括上下游库区（包括坝轴线上游 600m、坝轴线下游 1100m）、主要的泄水建筑物（包括溢流坝段和冲沙底孔）、坝后式地面厂房。

8.1.3 试验结果及分析

1. 鱼道进口试验

鱼道进口是鱼道最重要的组成单元，其布置是否合理将决定洄游鱼类能否快速找到并进入鱼道。鱼道进口需充分考虑坝、闸、电站尾水等运行特性，并根据目标鱼类的洄游特性，选择合适的鱼道位置和体型。

鱼道进口先后比选了5个布置方案，其中方案一～方案三进口布置在岸边，方案四、方案五进口与导墙结合布置。从诱鱼效果上讲，方案四、方案五紧靠尾水主流两侧布置，水流流态平稳，流速基本满足进鱼口布置要求，诱鱼效果较好；其他方案在远离厂房尾水处布置进鱼口，进鱼口面积占河床宽度范围较小，诱鱼较差。方案五在方案四的基础上设置3号、4号进鱼口，以适应下游不同水位的鱼道进口运行要求。

因此，方案五为藏木水电站鱼道进口布置推荐方案，以下鱼道进口试验均在方案五的基础上进行。

（1）电站机组运行对鱼道进口流速流态的影响试验。电站机组运行时，下泄水流可以起到诱鱼的作用，但是流速太小不会吸引鱼类，而流速过大会影响鱼类上溯，鱼道进口附近水流也不应有漩涡、水跃和大环流，鱼道进口高程布置也受到下游水位的影响，所以有必要对不同机组运行时的下游河道流速流态进行观测。

试验在比尺1∶60的整体模型上进行，量测尾水渠及下游河道的水面线和流速，并进行了不同机组开启组合的对比研究。结果表明，各个工况下，下游流态较好，无漩涡、跌水、水跃等不良流态。

试验结果表明：1台机组运行时流量较小，大部分能量在尾水渠反坡内被消耗，运行机组尾水出流附近流速较大，其余位置存在回流，尾水渠平段没有回流；2台机组运行时，如果集中开启同侧机组（例右侧1号+2号机组），会在这一侧产生较大正向流速，另一侧产生回流，水流仅对尾水渠内水流流场存在影响，对下游河道流场影响较小；1台、2台机组运行时，1号鱼道进口附近流速均低于过鱼对象的游泳能力（0.9～1.2m/s），开启1号鱼道进口鱼类进入鱼道的可能性较大。

3～5台机开启时，主要使用3号、4号鱼道进口，如果集中开启同侧机组（例右侧1号机组～3号机组开启），会在这一侧产生较大正向流速，另一侧产生回流，不利于鱼类上溯，建议分散开启机组。

图8-1和图8-2为3台机组运行时下游流态与流速分布。

图8-1　3台机组开机时下游流态

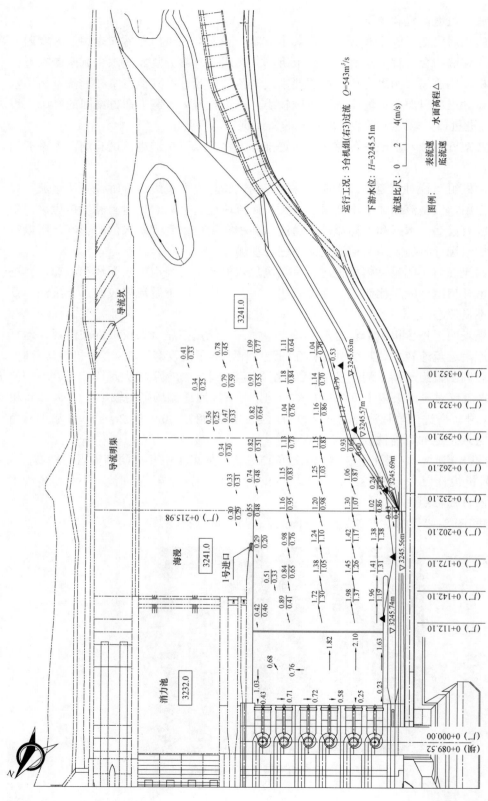

图 8-2　3 台机组开机（1 号 + 2 号 + 3 号机组）时下游流速分布

（2）鱼道进口段试验。

鱼道进口段试验主要针对与尾水渠导墙结合布置的进口方案，与左导墙结合的 1 号进口使用率高、运行时间长，且该进口可兼顾溢流坝下游回水区，该区域可能有鱼类聚集，所以本次试验选取 1 号进口作为代表进行模拟。1 号进口位于尾水渠左侧的导墙末端，进口底板顶高程为 3241.00m，在指向下游及两侧三个方向上各布置了一道进鱼缝，缝宽 0.7m，1 号进鱼口平面布置见图 8−3。本次试验重点关注 1 号鱼道进口的 1 号−2、1 号−3 闸门的运行工况，对比了 1 号−2 闸门开启 1 号−3 闸门关闭、1 号−2 闸门关闭 1 号−2 闸门开启、1 号−2 闸门开启 1 号−3 闸门开启三种组合工况。

试验结果表明：设置补水设施前，鱼道出流流量较小，对外部流场基本没有影响，两个闸门同时开启时，1 号−2 闸门为正向出流，流速较 1 号−3 闸门略大；单独开启一个闸门时，一台机组运行工况，1 号进口外水位 3243.5m，进口闸门处流速为 0.50～0.67m/s，两台机组运行工况，1 号进口外水位 3244.6m，进口闸门处流速为 0.22～0.34m/s。

设置补水设施后，随着补水流量增加，进鱼口竖缝流速增大，鱼道内出流对进口外局部流场的影响范围逐渐增大。

模型上在 1 号−2 闸门内部设置扩散角，发现水流流出闸门后向右侧略偏，但受右侧明渠主流的影响，扩散范围仅在进口外 0.5m，其余位置流场与流速未受到影响；改在 1 号−2 闸门外设置了导墙，设置导墙后，明渠主流被挡在导墙外侧，试验对比了导墙与轴线夹角为 15°、30°、45°，导墙角度越大，对明渠流场干扰越大，扰动太大可能会使鱼类迷失方向，而导墙与轴线夹角 15° 时，导墙内主流、水流方向与流速大小基本不变，右侧水流顺着导墙略向外扩，导墙外部流场略有扰动，鱼道出流影响范围有所增加，较利于诱鱼且不会使鱼迷失方向，最终选定导墙与轴线夹角为 15° 的方案。

鱼道进口补水前后的流态以及加设导墙后的水流流态见图 8−4。

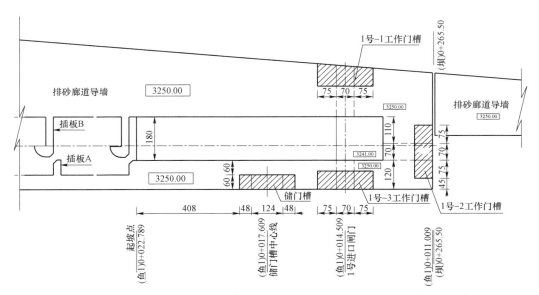

图 8−3 1号鱼道进口平面图（结构尺寸单位：cm，桩号、高程单位：m）

补水前

补水后

设置导墙后

图 8-4　鱼道进口内外水流流态

2. 鱼道池室段试验

鱼类在进入鱼道进口后，其过鱼效果主要取决于鱼道的水深、流速和相邻两插板水池间的流态，要求竖缝流速满足过鱼对象的游泳能力（该阶段过鱼竖缝设计垂线流速为 0.9～1.2m/s，平均流速 1.1m/s）；水池内主流明确，需要一定回流，以此来消能，但是回流又不能过于剧烈，范围不能过大，以免鱼类迷失方向，延误上溯时间。

因此，鱼道池室试验任务和目的是通过鱼道局部水池的底板坡度、插板形式、竖缝位置的比较，选择满足水力要素和流态要求的水池体型。鱼道池室试验在 1:5 的局部模型上进行。

（1）插板形式比选试验。试验中进行了 6 种插板体型的对比试验，结构尺寸详见图 6-3。不同体型的鱼池内均存在着两种不同流态，即连通两级竖缝的主流区和形成封闭流线的回流区，池室流态见图 8-5。

体型 A 的导角为 0°，主流平顺，竖缝水流与水池中其他区域掺混较少，长插板之间的回流区很大，短插板之间回流区很小，由于水流没有得到充分掺混，消能效果较差，因此流速较大，实测过鱼竖缝平均流速 1.41～1.43m/s。

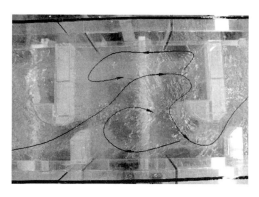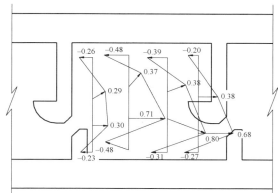

图 8-5 鱼道池室内水流流态及流速分布（单位：m/s）

体型 B 为插板式、无墩头，主流微向上弯曲，掺混较体型 A 充分，但是长插板没有加墩头，水流贴着长插板流向竖缝，头部有明显绕流，短插板两侧回流区较大，长插板两侧回流区较小，流态差，消能效果也较差，实测过鱼竖缝平均流速 1.40～1.48m/s。

体型 C、体型 E 为插板式、有墩头，导角为 45°，体型 C 的长插板头部保留四分之一圆墩头，主流在充分掺混后转入竖缝，两个回流区较对称，经过墩头调整，水流平顺的经过竖缝流进下一鱼池，水流在鱼池内充分掺混后又经过墩头绕流，充分消能，竖缝处流速略小，实测过鱼竖缝平均流速 1.36～1.38m/s。

体型 D 是在体型 C 的基础上，长插板底部留一个 30cm×30cm 的过鱼底孔，水流形态及流速分布与体型 C 基本一致。

体型 F 为竖缝+表孔形式，分为竖缝布置在同侧和异侧两种形式，当竖缝布置在异侧时，底部水流由上一组竖缝流出，撞到下一组插板后贴壁行走，顶部水流由竖缝和表孔流出后掺混在一起再分向下一组竖缝和表孔；当竖缝布置在同侧时，底部水流由上一组竖缝流出后直接流向下一组竖缝，顶部水流仍然掺混后重新分配，体型 F 的两种布置形式的顶部消能较充分，流速较小，但是底部水流均未能充分掺混，尤其是竖缝布置在同侧时，主流从上一组竖缝直接流向下一组竖缝，基本未发生掺混消能，流速较大，实测竖缝布置在同侧时底部最大点流速 1.86m/s。

对于插板形式的比选，有端头的插板较无端头的插板消能效果好，且端头后形成小的回流区，可供鱼类进行短暂的休息，为避免棱角碰伤鱼类，选用半圆型端头体型，即插板形式 C。

（2）池室尺寸对比试验。试验中进行了不同的竖缝尺寸、鱼池尺寸的对比，试验组次见表 8-1。

试验发现，池长一定时，随着竖缝宽度增加，鱼道过流量增加，竖缝垂线流速增大，但是竖缝太小会影响鱼类通过；竖缝宽度不变，池长加长，消能效果略差，流速略大。竖缝宽度不变，加长池长，消能率降低；池长过短，池室内流态混乱；插板数量增多，增加工程量；池室过长，消能效果较差，过鱼竖缝流速大。最终选取池室尺寸为竖缝宽度 0.3m，池长 3m。不同长宽比对比方案竖缝垂线流速分布见图 8-6。

表 8-1 　　　　　　　　　　　　　　 试 验 组 次

	竖缝宽度 b/m	池室长度 L/m
b/L	0.2	3.0
	0.3	3.0
		4.0
	0.4	3.0
		4.0
	池室宽度 B/m	池室长度 L/m
B/L	2.4	2.4
	2.4	3.0
	2.4	3.6
	2.4	4.2
	2.4	4.8

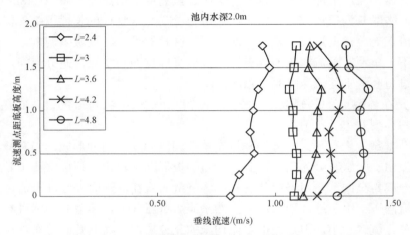

图 8-6　不同长宽比对比方案竖缝垂线流速分布

（3）底板坡度对比试验。由于鱼道坡度为 3.33%，较陡，经过对多种插板形式进行比较后，均不能达到该工程要求的过鱼流速，试验中对鱼道坡度进行了调整，分别调整为 2.5%和 2%，过鱼竖缝 0.3m，鱼池长度 3m，进行了对比试验。将坡度调整为 2.5%时，流速值有所减小但不明显；而当坡度调整为 2.0%时，竖缝中垂线流速值减小到 1.04~1.17m/s，平均流速为 1.05~1.10m/s，满足鱼道的设计流速要求。

（4）池室底部铺设卵石试验。试验采用粒径 20~40mm（原型粒径 100~200mm）的卵石对池室底部进行满铺，测试竖缝流速与鱼道池室流场的变化。由于卵石只影响铺设面附近较小范围内的流态与流速，实测竖缝流速基本未发生变化，鱼道池室流场流速分布、主流与回流区域也与未铺设前基本相同，底部流速较铺设前略小。卵石铺设后池室见图 8-7，竖缝流速分布见图 8-8，铺设卵石前、后鱼道池室内流场见图 8-9。试验观察到，在池室底部分散堆放卵石，模拟自然河床的不规则形态，卵石下游会有局部低流速区，可供鱼类休息，所以建议在池室底部分散堆放卵石。

图 8-7　铺设卵石后

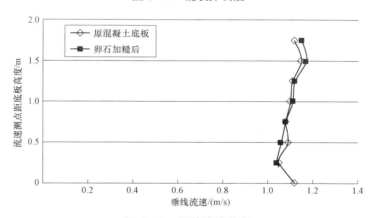

图 8-8　竖缝流速分布

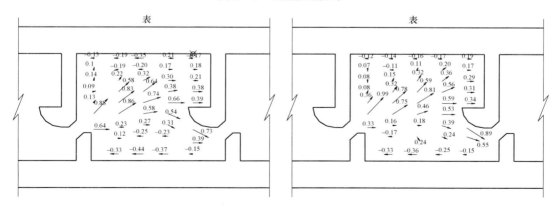

图 8-9　鱼道池室内流速分布（m/s）（一）

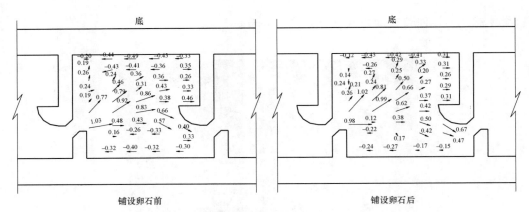

图 8-9　鱼道池室内流速分布（m/s）（二）

（5）鱼道回旋上升段试验。由于落差较大，鱼道池室段较长，为了方便布置，中间利用弯段及回旋上升段来衔接，试验中模拟了一段回旋上升的鱼池段（见图 8-10），实测了该段过鱼竖缝流速及鱼池流态，见表 8-2 和图 8-11。弯段处采用直角转弯，水流流态较差，建议采用弧形衔接。

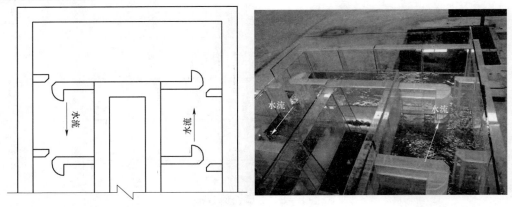

图 8-10　回旋上升段布置形式

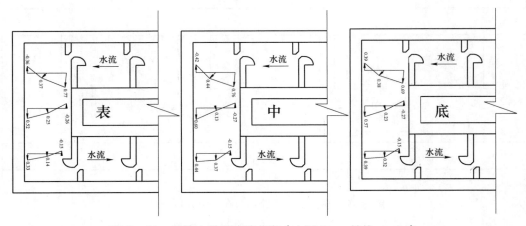

图 8-11　回旋上升段流速分布（水深 2m，单位：m/s）

表 8-2 实测回旋上升段过鱼竖缝流速分布

流速测点距底板高度/m	弯段上游		弯段下游	
	中垂线流速/(m/s)	过鱼竖缝平均流速/(m/s)	中垂线流速/(m/s)	过鱼竖缝平均流速/(m/s)
0.00	1.08		1.08	
0.25	1.09		1.08	
0.50	1.08		1.05	
0.75	1.03	1.06	1.07	1.06
1.00	1.05		1.06	
1.25	1.07		1.03	
1.50	1.05		1.01	
1.75	1.06		1.08	

8.2 数值模拟计算研究

在水电科学的研究方法中，除传统的物理模型试验研究外，数学模型也是一种重要的研究手段。近年来，数值模拟在水利工程中得到了广泛的应用，如溢流坝过流、导流洞导流和溢洪道泄洪等，但鱼道流场的三维数值模拟成果却少有应用。藏木水电站鱼道进出口水位落差达 65m，鱼道设计难度大，鱼道池室内部和鱼道进出口附近的流场是否满足过鱼要求，是需要重点研究的问题，因此有必要引入数值模拟，对鱼道流场进行计算，为模型试验提供验证和补充。

8.2.1 试验目的与内容

根据项目特点与已有研究经验，本书拟采用物理模型试验与数值模拟相结合的方法开展相关研究工作：通过下游河道与上游库区数值模拟计算，拟定鱼道布置方案的进口与出口布置范围；采用数值模拟计算确定鱼道水池布置体型与细部结构参数。数值模拟具体研究内容如下：

（1）下游河道数值模拟计算研究。针对下游河道，开展数值模拟研究，研究不同运行条件下下游河道的流场结构与水流流速分布，确定鱼道进口的合理布置范围；研究诱鱼补水系统的作用效果。

（2）上游库区数值模拟计算研究。针对上游库区，开展数值模拟计算研究，研究不同运行条件下近坝区的流场结构与水流流速分布，确定鱼道出口的合理布置范围。

（3）鱼道水池细部结构数值模拟计算研究。采用数值模拟计算方法，验证物理模型推荐体型的插板体型是否合适，并研究不同的底板坡度、池室水深对池室流态、流场的影响。

8.2.2 数值模拟结果及分析

1. 鱼道进口附近流场

鱼道进口附近流场计算包括不同台数机组运行的 6 种工况，其中 1 台及 2 台机组运行时模拟了左侧、中间和右侧开启三种情况，3～5 台机组运行时模拟了右侧开启的情况，机组过流量及下游水位控制与模型试验工况一致。

（1）计算区域与边界条件。计算区域包括厂房尾水出口、尾水渠、海漫和下游河道，全长 760m，如图 8-12 所示，图中 X 坐标与坝轴线垂直，X 坐标值与厂房桩号一致，Y 坐标与坝轴线平行，Z 坐标代表高程。

边界条件设置为：① 厂房尾水出口为入流断面，采用速度进口边界，以保证入流量为一恒定值；② 下游河道出口为出流断面，采用自由出流边界；③ 尾水渠、海漫和下游河道采用固壁边界。

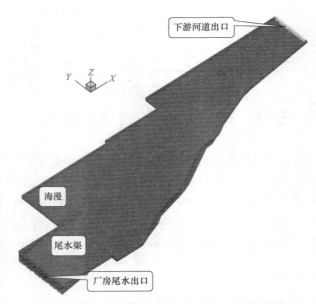

图 8-12　鱼道进口附近流场模拟的计算区域

（2）网格划分。网格划分采用混合网格，包括结构化和非结构化两种类型。非结构化网格虽然易于构造，但计算的稳定性不如结构化网格；在网格节点间距相同的情况下，网格数量远多于结构化网格，计算时间也较长，所以在划分网格时应优先选用结构化网格。除下游右岸开挖边坡区域采用非结构化网格外，其余区域均为结构化网格。由于计算机性能的限制，网格单元总数应控制在一定数量，因此采用重点部位加密、一般部位放宽的原则进行网格划分。沿水深方向网格较密，节点间距为 0.5～0.9m，与水深垂直方向网格较稀，节点间距为 3.0m，计算区域网格单元总数约 16 万个。

（3）结果分析。从水面流场来看，尾水渠反坡段以回流为主，反坡末端附近流速较大，之后水流以正向流为主，至鱼道进口位置流速有所减小；$Z=3242.0m$ 平面的流场分布与水面相近，流速值普遍小于水面流速。

1～2 台机组运行时，1 号进鱼口附近的流速均低于池室过鱼孔的设计流速；3～5 台机组运行时，主要使用 3 号和 4 号进鱼口，如果集中开启一侧机组，该侧会产生较大的正向流速，而另一侧形成回流，不利于鱼类上溯，建议采用分散开启机组的运行方式。3 台机组运行时流场分布见图 8-13。

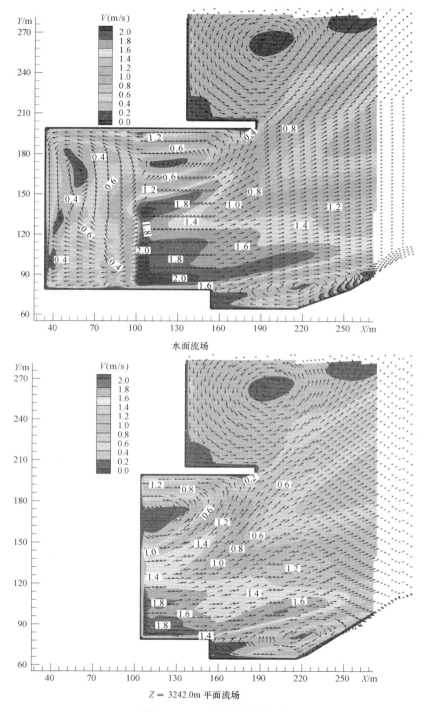

水面流场

$Z = 3242.0\text{m}$ 平面流场

图 8 - 13 3 台机组运行时

2. 鱼道池室流场

（1）计算区域与边界条件。计算区域包括 1 号出口段和部分池室段，出口段底板高程为 3304.00m，底坡为平坡。池室段包括四个完整的池室和五个竖缝过鱼孔，每个池室长 3.0m，宽 2.4m，高 3.0m，竖缝宽 0.3m，导向角为 45°，如图 8－14 所示。图中 X 坐标与鱼道纵轴线平行，Y 坐标与池室宽度方向平行，Z 坐标代表高程。

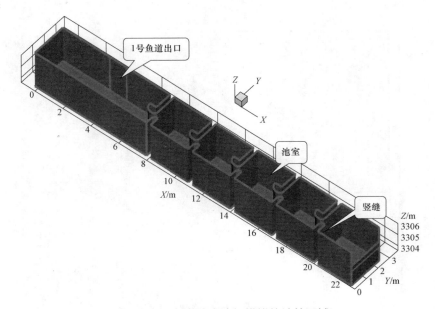

图 8－14　鱼道池室流场模拟的计算区域

边界条件设置为：① 鱼道出口为入流断面，采用速度进口边界，以保证入流量为一恒定值；② 鱼道上表面采用压力入口边界；③ 池室和竖缝隔板采用固壁边界；④ 最后一个池室出口为出流断面，采用压力出口边界。

（2）网格划分。由于池室体型比较规则，网格划分全部采用结构化网格，以增强计算的稳定性，缩短计算时间。受计算机性能的限制，网格单元总数应控制在一定数量，因此采用重点部位加密、一般部位放宽的原则进行网格划分。网格划分：池室平面网格间距为 0.1m，水面位置是数值模拟较为关心之处，因此水面附近竖向网格较密，节点间距为 0.05m；其余位置竖向网格较稀，节点间距为 0.15m。计算区域网格单元总数约 17.5 万个。

（3）结果分析。计算结果表明：数值模拟的池室水面流态与试验观测结果基本相同，池室流态较好，主流位于池室中间，流向明确且存在一定程度的弯曲，主流下泄顺畅，两侧各形成一个回流区消能，左侧回流区范围较大，右侧回流区范围较小。

三种不同水深时，池室的平面流场基本相同，主流区流速为 0.5～1.1m/s，其中竖缝过鱼孔流速最大，两侧回流区流速为 0.05～0.2m/s。水深不同时，过鱼竖缝垂线流速的变化规律基本相同，底板流速接近于零，中间部分流速较大，至水面流速有所降低，竖缝过鱼孔的垂线平均流速分别为 0.94m/s、0.95m/s 和 0.95m/s，竖缝最大流速均小于 1.2m/s。

三种池室底坡时，竖缝过鱼孔的最大流速分别为 1.47m/s、1.26m/s 和 1.13m/s，底坡 0.033 和 0.025 的流速均大于 1.2m/s，不能满足设计要求，因此试验推荐底坡 0.02 是合适的。

可见，鱼道池室的推荐体型满足流态和流速两个方面的要求。

水深 2.0m 时池室内流速分布及竖缝过鱼孔流速分布见图 8-15 和图 8-16。

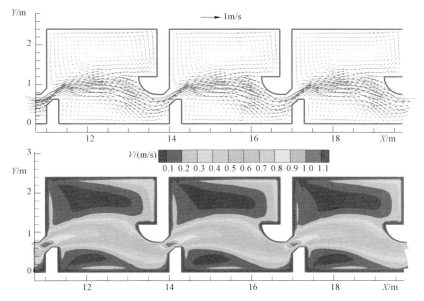

图 8-15　池室水深 2.0m 时平面流速分布

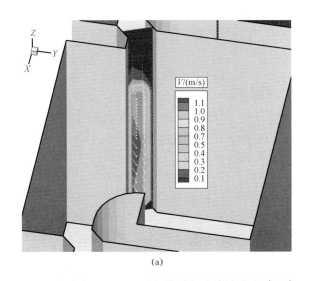

(a)

图 8-16　池室水深 2.0m 时竖缝过鱼孔流速分布（一）

（a）竖缝平面流速

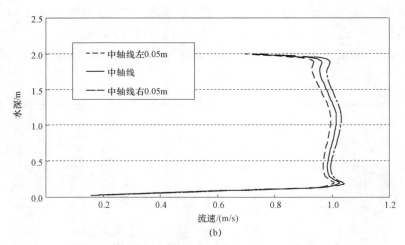

图 8-16　池室水深 2.0m 时竖缝过鱼孔流速分布（二）

（b）竖缝垂线流速

3. 鱼道出口试验

鱼道出口布置在坝的右岸上游侧，距厂房约 300m 处。电站的正常蓄水位为 3310m，汛期排沙运用水位 3305m，死水位为 3305m。水库运行方式为：汛期（6～10 月）水库维持汛期排沙运用水位，其他时间水库带基荷按日调节方式运行，水位在正常蓄水位 3310m 与死水位 3305m 之间变动，变幅为 5m。鱼道出口布置于库区，出口水位受水库运行方式影响。在过鱼季节 2～5 月，鱼道出口水位在正常蓄水位 3310m 与死水位 3305m 之间变动，变幅为 5m；过鱼季节 6～10 月鱼道出口维持水位 3305m 运行。

本次试验针对鱼道出口主要研究两方面的内容：① 观察出口库区水流流态、流速分布，包括电站机组运行时出口附近流场，确定鱼道出口位置；② 研究库区水位变化对鱼道出口附近库区、出口段鱼池及过鱼竖缝流速和流场的影响，并提出鱼道运行调度方式。

（1）鱼道出口附近流场试验。试验在比尺为 1∶60 的整体模型上进行，实测了电站运行各工况的上游库区流速分布（电站运行水位为正常蓄水位 3310m），鱼道出口段布置在库区右岸，右侧机组运行时鱼道出口区域流速最大，所以研究中 1～5 台机组组合工况均选取右侧机组运行。6 台机组运行时库区表面流场、$Z=3290.0$m（厂房进水口中心线）平面流场分布见图 8-17。

1 台机组运行，厂房进口附近表面基本没有流速，库区表面流场最大流速为 0.05m/s，鱼道 1 号出口流速仅为 0.01m/s；2 台机组运行，厂房进口附近表面流速 0.03m/s，库区表面流场最大流速为 0.05m/s，鱼道 1 号出口流速仅为 0.03m/s；6 台机组运行，厂房进口附近表面流速为 0.11m/s，库区表面流场最大流速为 0.22m/s，鱼道 1 号出口流速最大为 0.18m/s，电站进水口前库区流速较小，电站运行时对鱼道出口流场基本没有影响，6 台机组时厂房进口前与鱼道出口附近的流速也较小，鱼类被吸入厂房进口的可能性较低。

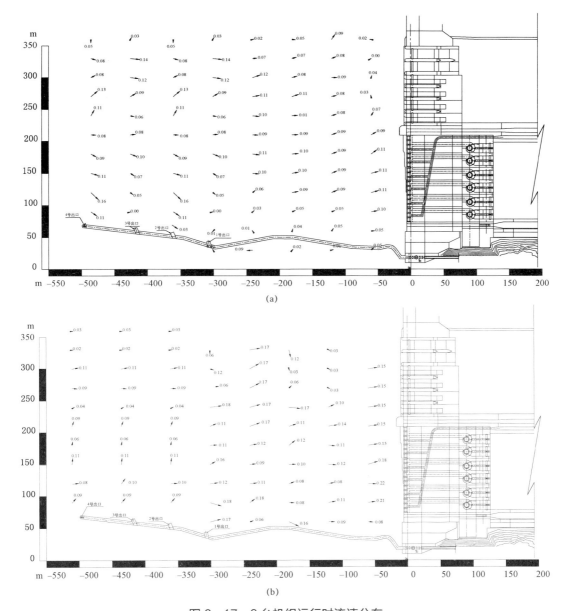

图 8-17 6 台机组运行时流速分布

（a）库区表面流速分布（单位：m/s）；（b）Z = 3290m 平面流速分布（单位：m/s）

（2）鱼道引用流量。鱼道引用流量试验在比尺为 1:5 的整体模型上进行，用三角堰进行量测，见表 8-3。出口水深变幅为 1~2.5m，鱼道引用流量在 0.25~0.71m³/s 之间变化。

（3）鱼道出口体型试验。鱼道出口位于上游库区，由于该电站水位变幅较大，为适应水位变化，该工程设置了 4 个鱼道出口，此次试验在比尺为 1:5 的局部模型上进行，主要是研究鱼道出口附近库区、出口段鱼池及过鱼竖缝流速和流场，模拟范围为 1 号、2 号出口、1 号出口下游、2 号出口上游各 5 组池室以及出口外局部库区。

表 8-3　　　　　　　　鱼道整体模型鱼道引用流量与鱼道内水深关系

库区水位/m	鱼道内平均水深/m	引用流量/（m³/s）	
3305.0	1.0	0.25	1 号出口 （底板高程 3304m）
3305.5	1.5	0.42	
3306.0	2.0	0.58	
3306.5	2.5	0.71	
3306.5	1.5	0.42	2 号出口 （底板高程 3305m）
3307.0	2.0	0.58	
3307.5	2.5	0.71	

　　鱼道出口同鱼道轴线夹角为 90° 时，鱼类在出口附近较难寻找到出口，且部分鱼到出口附近有回退现象，因此将鱼道出口改为朝向上游且与鱼道轴线夹角为 60°，便于鱼类顺利游出鱼道。优化后出口体型平面布置图见图 8-18，试验观测发现，库区、闸室以及闸下游鱼池、过鱼竖缝无不良流态，水流平顺过渡，试验中实测 1 号出口流速分布见图 8-19，出口流态见图 8-20。

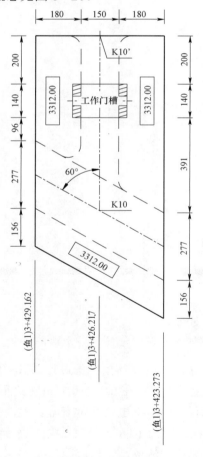

（结构尺寸：cm；桩号、高程：m）

图 8-18　鱼道 1 号出口平面图

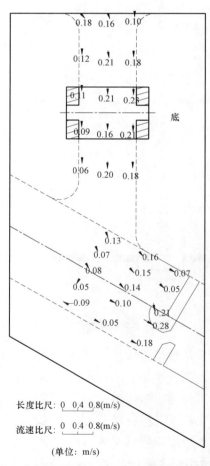

（单位：m/s）

图 8-19　上游水位 3306.5m 时 1 号出口流速分布

图 8-20　鱼道 1 号出口流态

（4）鱼道出口运行方式试验。为保证鱼道内水深满足要求，且不溢出鱼道，4 个出口须在不同的水位时开启（关闭），本次试验在比尺为 1∶5 的局部模型上进行，主要是研究库区水位变化对鱼道出口附近库区、出口段鱼池及过鱼竖缝流速和流场的影响，模拟范围为 1 号、2 号出口、1 号出口下游、2 号出口上游各 5 组池室以及出口外宽度为 25m 库区。

出口水流流态及流速分布见图 8-21 和图 8-22。库水位 3305～3306.5m 时 1 号出口处于开启状态，2 号出口处于关闭状态，1 号出口闸门处运行水深 1～2.5m，闸室内水流平顺，无绕流、回流和漩涡等现象，出口流速较小，鱼类能够顺利游出鱼道进入库区；水位继续升高，1 号出口闸门关闭，2 号出口闸门开启，由于闸门启闭时闸门内外无水位差，库区、闸室以及闸下游鱼池、过鱼竖缝无不良流态，水流平顺过渡。当库水位由 3307.7m 逐渐降低时，2 号出口闸门关闭，1 号出口闸门开启，同样未见不良流态，闸门的启闭基本不影响鱼道的运行。

1 号出口水流流态

2 号出口水流流态

图 8-21　上游水位 3306.5m 时出口水流流态

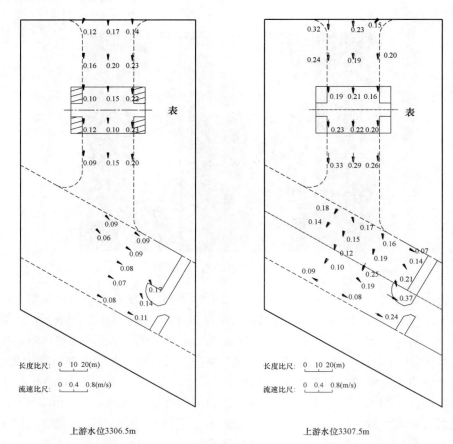

长度比尺: 0 10 20(m)

流速比尺: 0 0.4 0.8(m/s)

上游水位3306.5m

长度比尺: 0 10 20(m)

流速比尺: 0 0.4 0.8(m/s)

上游水位3307.5m

图 8-22 2号出口流速分布（单位：m/s）

4. 鱼道出口附近流场

鱼道出口附近流场计算包括库水位 3310.0m 和 3305.0m、不同台数机组运行的 12 种工况，由于鱼道出口均布置在右岸，因此对右侧机组开启的情况进行了模拟。

（1）计算区域与边界条件。计算区域包括上游库区地形和电站进水口，全长 780m，如图 8-23 所示，图中 X 坐标与坝轴线垂直，以坝轴线右岸控制点 A2 作为 XY 平面的坐标原点，Z 坐标代表高程。

边界条件设置如下：① 上游来流断面采用速度进口边界，以保证入流量为一恒定值；② 电站进水口为出流断面，采用速度出口边界，以保证出流恒定；③ 库区地形采用固壁边界。

（2）网格划分。网格划分采用混合网格，包括结构化和非结构化两种类型，以结构化网格为主。由于计算机性能的限制，网格单元总数应控制在一定数量，因此采用重点部位加密、一般部位放宽的原则进行网格划分，节点间距为 2～4m，计算区域网格单元总数约 24 万个。

（3）结果分析。电站进水口过流时，库区流场近似单点汇分布，电站进水口外流速迅速衰减，对库区流场的影响范围非常有限，水面流场与 $Z=3290.0$m 平面流场差异不大。库水位 3310.0m、1 台机组运行时，鱼道出口附近流速仅为 0.01m/s，3 台机组运行时增至

0.03m/s，6 台机组运行时增至 0.07m/s；库水位 3305.0m、1 台机组运行时，鱼道出口附近流速仅为 0.01m/s，3 台机组运行时增至 0.04m/s，6 台机组运行时增至 0.08m/s。6 台机组运行时流场分布见图 8－24 和图 8－25。

可见，电站运行时对鱼道出口附近流场基本没有影响，6 台机组运行时鱼道出口附近流速低于 0.1m/s，鱼类被电站进水口吸入的可能性很小。

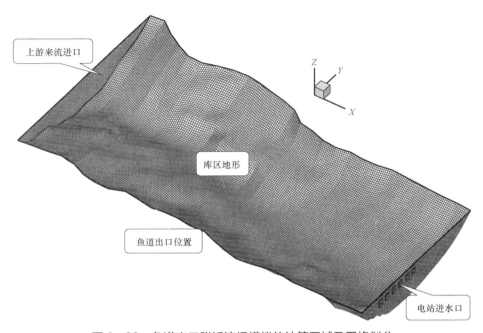

图 8－23　鱼道出口附近流场模拟的计算区域及网格划分

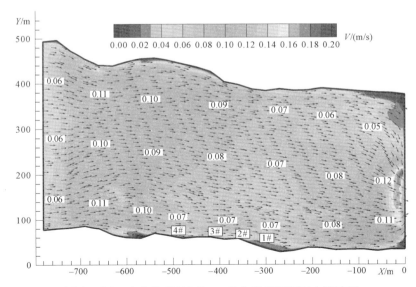

图 8－24　库水位 3310.0m、6 台机组运行时水面流场

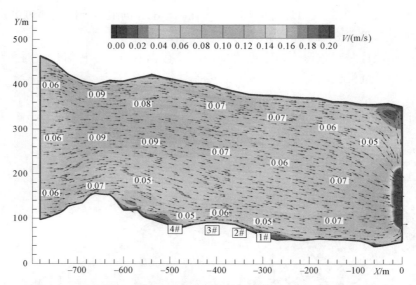

图 8-25　库水位 3310.0m、6 台机组运行时 Z = 3290.0m 平面流场

8.3　现　场　试　验

8.3.1　试验目的及内容

鱼道设计工作具有复杂性和挑战性，设计过程中经过了大量的调研及科学试验研究工作，并据此优化了鱼道布置、鱼道进出口位置体型以及休息池等细部结构的设计方案。工程实施后，成都院开展了鱼道运行期水力学试验研究工作，监测鱼道运行过程中的特征水力参数，以便及时发现问题、分析原因、采取措施，消除可能影响鱼类通过的不利因素。

8.3.2　现场试验结果及分析

1. 鱼道池室试验

鱼道现场观测，现场鱼道池室的水流流态、流速分布与模型试验结果基本一致，见图 8-26。主流在充分掺混后转入竖缝，两个回流区较对称，经过墩头调整，水流平顺的经过竖缝流进下一鱼池，水流在鱼池内充分掺混后又经过墩头绕流，充分消能，竖缝处流速略小，实测过鱼竖缝平均流速 1.08～1.09m/s，实测标准池室过鱼竖缝流速分布见表 8-4。

2. 回旋上升段试验

现场将鱼道回旋上升段设计成 180°转角的圆弧，外圆弧半径 5.2m，利用插板将回旋上升段分为 3 个池室，各池室内水流流态及流速分布见图 8-27 和图 8-28、表 8-5。池室内主流明确，消能充分，回旋段上下游竖缝中垂线平均流速 1.06m/s，但是由于池室未平均分配，各个池室流态并不相同，较短池室主流流线较短，池室内水流较混乱。

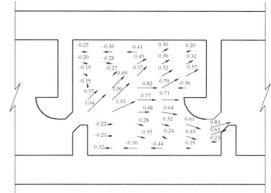

图 8-26 现场鱼道池室内水流流态及流速分布（单位：m/s）

表 8-4 实测标准池室过鱼竖缝流速分布

流速测点距底板高度/ m	上游竖缝		下游竖缝	
	中垂线流速/ （m/s）	过鱼竖缝平均流速/ （m/s）	中垂线流速/ （m/s）	过鱼竖缝平均流速/ （m/s）
0.00	0.97		1.09	
0.25	1.12		1.12	
0.50	1.12		1.12	
0.75	1.10	1.08	1.13	1.09
1.00	1.09		1.15	
1.25	1.13		1.11	
1.50	1.20		1.12	
1.75	1.07		1.14	

图 8-27 现场鱼道回旋上升段水流流态

表 8-5　　　　　　　　　　　实测回旋上升段过鱼竖缝流速分布

流速测点距底板高度/ m	弯段上游		弯段下游	
	中垂线流速/ （m/s）	过鱼竖缝平均流速/ （m/s）	中垂线流速/ （m/s）	过鱼竖缝平均流速/ （m/s）
0.00	1.08		1.08	
0.25	1.09		1.08	
0.50	1.08		1.05	
0.75	1.03	1.06	1.07	1.06
1.00	1.05		1.06	
1.25	1.07		1.03	
1.50	1.05		1.01	
1.75	1.06		1.08	

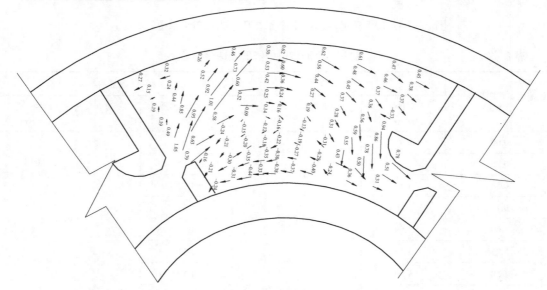

图 8-28　现场鱼道回旋上升段流速分布（单位：m/s）

3. 休息池试验

休息池采用外扩休息池，利用鱼道回旋上升段，与回旋段中部池室连通，休息池布置在短墩一侧。休息池内水流流态及流速分布见图 8-29 和图 8-30，其布置位置、布置形式对鱼道主体的水流流态和流速影响均很小，相应的鱼道主体的水流对休息池的流态和流速影响也很小：即鱼道与休息池的干扰较小，休息池的容量较大，可以保证鱼类有效的休息，而不是仅仅短暂的停留；同时休息池与鱼道池室连通，鱼类休息后很容易感应到鱼道流速，继续上溯，不会迷失方向，也不造成鱼道底坡变化，不会出现能量积聚等现象。

图 8-29　现场鱼道休息池水流流态

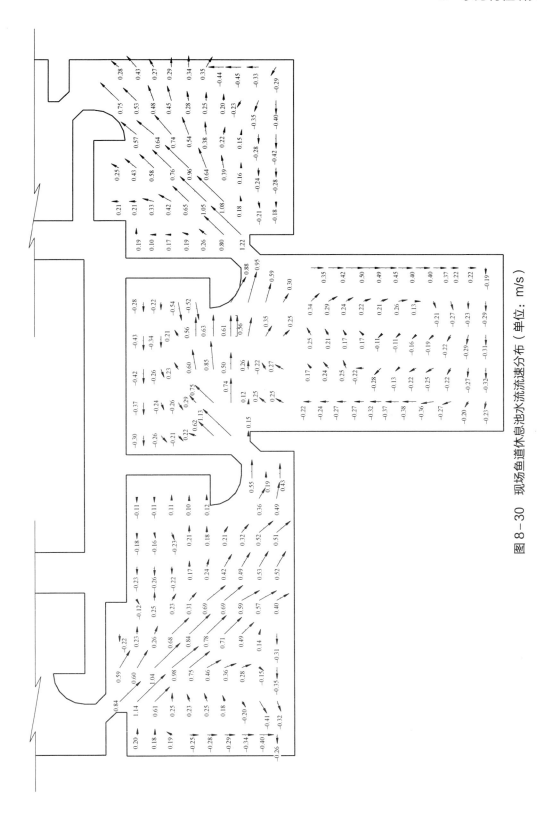

图 8-30 现场鱼道休息池水流流速分布（单位：m/s）

8.4 小 结

通过模型试验、数值模拟以及现场试验，得出结论如下：

（1）鱼道进口试验。由电站机组运行时鱼道进口附近流场试验与数值模拟成果可见，1～2台机组开启时，无论开哪些机组，鱼道进口附近流速均低于过鱼对象的游泳能力（0.9～1.2m/s），开启1号鱼道进口鱼类进入的可能性较大；3～5台机开启时，主要使用3号、4号鱼道进口，如果集中开启同侧机组（例右侧1号机组～3号机组开启），会在这一侧产生较大正向流速，另一侧产生回流，不利于鱼类上溯，建议分散开启机组。

电站机组运行时，下游水位在3243.34～3247.72m之间变化，影响下游若干个鱼池和过鱼竖缝的流速，需要设置补水设施；在进口段施以适当的流量进行补水后，鱼道进口附近流速可以满足过鱼对象的游泳能力（0.9～1.2m/s），起到一定的诱鱼作用；补水后鱼道内出流会影响到进口附近局部流场，随着流量增加，进口竖缝流速增大。从垂线流速分布来看：下部流速受底部补水影响，上部流速受内外水位差影响，流速较大，中部流速较小；从平面流速分布来看，1号－2闸门开启时为正向出流，进口竖缝流速分布较均匀，1号－3闸门开启时为侧向出流，进口竖缝下游侧流速大、上游侧流速小，1号－2、1号－3同时开启时，1号－2流速大、1号－3流速小。

在进鱼口下游设置喇叭口，明渠主流被挡在导墙外侧，导墙与轴线夹角15°时，导墙内主流、水流方向与流速大小基本不变，右侧水流顺着导墙略向外扩，导墙外部流场略有扰动，能够起到诱鱼作用，且不会使鱼类迷失方向。

（2）鱼道池室试验。经试验调整后的鱼道坡度、池室尺寸比较合理，基本能够满足鱼类在鱼道内上溯洄游的要求；鱼道池室内水流流向明确，主流较顺畅，两侧存在小范围回流区，但强度不大，无漩涡、水跃等流态产生，表底流态、流向基本一致。

过鱼竖缝中垂线流速为0.79～1.21m/s，平均流速为0.85～1.13m/s，能够满足鱼类上溯洄游的流速要求。

铺设卵石（原型粒径100～200mm）后鱼道池室流场（主流与回流区域）与流速分布也与未铺设前基本相同，底部流速值较铺设前略小。

鱼道回旋上升段采用直角转弯，流态较差，建议采用弧形衔接。

（3）鱼道出口试验。电站运行时对鱼道出口附近流场基本没有影响，6台机组运行时鱼道出口附近流速低于0.1m/s，鱼类被电站进水口吸入的可能性很小，鱼道出口位置合适。

各鱼道出口运行水位变幅为1～2.5m，鱼道过流量为0.25～0.71m³/s。

随着库水位变化，4个出口在不同的水位时开启（关闭），试验中观测到出口闸门启闭时闸门内外无水位差，库区、闸室以及闸下游鱼池、过鱼竖缝无不良流态，水流平顺过渡。

可通过性试验研究

9.1 试 验 目 的

（1）在 1:5 的鱼道局部模型上测试各运行工况下鱼道池室对裂腹鱼亚科鱼类的可通过性，结合水力学条件分析鱼类池室中行为特点，为池室结构优化提供基础数据。

（2）在各运行工况下，比较试验鱼在两种不同隔板形式下的通过效率。

（3）对鱼道池室的重点部位进行观测，结合此区域的流场分布分析设计上存在的问题。

（4）在 1:60 的电站整体模型上进行鱼类聚集试验，分析鱼类坝下集群区域。

9.2 试 验 内 容

9.2.1 池室结构可通过性试验

根据鱼道局部模型情况和实际运行工况，进行鱼类通过性试验，观察鱼类在池室中的行为，统计过鱼效率，分析鱼道池室及进出口结构设计的合理性。

重点观测隔板形式变化部位、试验中鱼类无法通过或耗时较长的区域、休息池和转弯处的鱼类通过行为，结合流场提出设计中应注意的问题。

9.2.2 隔板形式比较试验

在通过性试验的基础上，选取典型工况开展不同隔板形式的比较试验，比较竖缝式隔板和竖缝＋底孔式隔板的鱼类通过性，推荐最优隔板选用形式。

9.2.3 鱼类聚集试验

根据 1:60 的电站整体模型及水力学测试情况，设置过鱼季节的机组运行工况。在不同坝下水位条件下，进行鱼类聚集试验，观察不同工况下鱼类的聚集位置，分析鱼类的集群区域。

9.3 试 验 地 点

在 1:5 藏木鱼道局部模型（见图 9−1～图 9−4）上测试鱼道池室对裂腹鱼亚科鱼类的可通过性，在其中 11 个可变形式的连续隔板处开展隔板形式比较试验；在 1:60 的藏木电站整体模型（见图 9−5）上开展鱼类聚集试验。

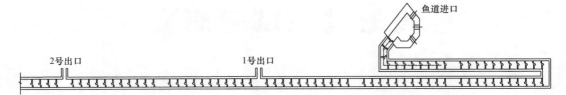

图 9−1 1:5 鱼道局部模型图

图 9−2 局部鱼道模型进口及下游段

图 9−3 局部模型下出口

图9-4 局部模型上游段及上出口结构

图9-5 电站枢纽模型

9.4 试 验 方 法

9.4.1 试验鱼选择

1. 试验鱼种类

根据电站影响区域鱼类资源及生态习性调查结果，确定异齿裂腹鱼、巨须裂腹鱼、拉萨裂腹鱼为工程鱼道主要过鱼对象见表9-1。

表 9-1 　　　　　　　　　　鱼 道 主 要 过 鱼 对 象

过鱼对象	鱼 类	形 态
主要过鱼对象	异齿裂腹鱼	
	巨须裂腹鱼	
	拉萨裂腹鱼	

由于海拔差异和鱼类对水质、水温要求的差异，无法使用当地鱼类作为试验对象。因此拟选用生态习性及形态特征相似的裂腹鱼亚科鱼类作为试验对象。齐口裂腹鱼和重口裂腹鱼为岷江水域的重要经济鱼类，为当地较易获得的裂腹鱼亚科鱼类。试验鱼类形态特征见表 9-2。

表 9-2 　　　　　　　　　　试 验 鱼 类 形 态 特 征

试验鱼	鱼 类	形 态
计划试验鱼种	重口裂腹鱼	
	齐口裂腹鱼	

生态习性方面：齐口裂腹鱼为冷水性底层鱼类，喜欢生活于急缓流交界处，有短距离的生殖洄游现象。产卵季节在 3～4 月，多产于急流底部的砾石和细砂上，亦常被水冲下至石穴中进行发育。产卵后的亲鱼到秋季则回到江河深水处或水下岩洞中越冬。重口裂腹鱼为冷水性鱼类，一般生活在峡谷河流，常在底质为砂或砾石、水流湍急的环境中。生殖季节一般在 8～9 月，产卵于水流较急的砾石河床中。

主要过鱼对象异齿裂腹鱼、巨须裂腹鱼和拉萨裂腹鱼为冷水性鱼类，有短距离洄游习性。喜在砾石底质的急流中产卵和索饵，在洄水湾和宽谷河段育幼，进入缓流的深水河槽或深潭中越冬。雅鲁藏布江峡谷，宽谷交替，呈一缩一放的河流格局，急流江段也往往滩潭交替，为三种裂腹鱼的重要栖息场所。

试验鱼种同主要过鱼对象的生态习性相似性表现如下：

（1）同为裂腹鱼亚科鱼类。

（2）同为冷水性鱼类，且均有短距离洄游习性。

（3）栖息环境相似，齐口裂腹鱼和重口裂腹鱼于水流较急的砾石河床中产卵，在水流平缓处育幼，到江河深水处或水下岩洞中越冬，同异齿类裂腹鱼、巨须裂腹鱼和拉萨裂腹鱼的产卵、育幼和越冬栖息环境均较相似。

试验鱼种同主要过鱼对象生态习性的区别主要为：齐口裂腹鱼和重口裂腹鱼产卵为微黏性，电站附近的裂腹鱼产沉性卵；重口裂腹鱼产卵季节为 8～9 月，同齐口裂腹鱼和主要过鱼对象的产卵季节不同。

综上所述，计划选用试验鱼种同主要过鱼对象栖息环境和栖息场所相似，预测其游泳行为较为相似，因此该试验选用齐口裂腹鱼和重口裂腹鱼作为试验鱼种。

2. 试验鱼尺寸

鱼类游泳行为目前还没有理论公式支撑，因此选用试验鱼长按照国外总结的游泳能力与鱼长经验公式进行选择。试验只能是尽量模拟鱼类在过鱼设施中的行为，不能保证完全预测实际状况。

表 9-3 为国外鲤科鱼类、吸口鲤科鱼类及部分鲑科鱼类的游泳能力拟合公式，从表中可以看出 $V = \alpha L^{\beta}$，其中 $\beta = 0.35～0.75$。

（1）1:5 鱼道局部模型鱼类长度选用。长度比尺为 1:5，流速比尺为 $1:5^{1/2}$。

对于鱼类，要使得试验鱼的游泳速度按比例缩小至过鱼对象游泳速度的 $5^{1/2}$ 倍，根据公式 $V = \alpha L^{\beta}$，鱼全长 L 应相应的缩小至过鱼对象的 $5^{\beta/2}$ 倍，$\beta = 0.35～0.75$，因此鱼全长 L 相应的缩小至 $5^{1/0.7}～5^{1/1.5}$ 倍，即 2.9～10.0 倍。根据图表可发现与试验种类较为相近的鲤科鱼类和吸口鲤科鱼类的 β 值主要集中在 0.5～0.67，因此鱼全长主要应缩小至过鱼对象的 3.3～5 倍。

根据资源调查，鱼道过鱼目标的全长范围为 0.21～0.6m，因此可选择的试验鱼全长范围为 0.04～0.18m。本试验根据齐口裂腹鱼的生长情况，选用的试验用鱼以全长为 0.07～0.15m 的个体为主。

（2）1:60 水电站枢纽模型鱼类长度选用。长度比尺为 1:60，流速比尺为 $1:60^{1/2}$。

根据公式 $V = \alpha L^{\beta}$，鱼全长 L 应相应的缩小至过鱼对象的 $60^{\beta/2}$ 倍，与试验种类较为相近的鲤科鱼类和吸口鲤科鱼类的 β 值主要集中在 0.5～0.67，因此鱼全长主要应缩小至 21～60 倍，选用的试验用鱼以全长为 0.01～0.03m 为宜。

表 9-3　　　　　　　　　　　　国外鱼类游泳能力拟合公式

科、属	中文名	拉丁名	游泳模式	拟合公式	公式变量及单位	试验鱼数目	参考文献
鲤科、鲫属	金鱼	*Carassius auratus*	猝发游动	$V = 5.37L^{0.66}t^{-0.22}$	V（m/s）；L（m）；t（s）	8	[99]
鲤科、平头鲌属	小眼平头鲌	*Platygobio gracilis*	持续游动	$V = 1.405L^{0.67}$	V（cm/s）；L（cm）	28	[100]
鲤科、平头鲌属	小眼平头鲌	*Platygobio gracilis*	持续游动	$V = 2.66L^{0.67}t^{-0.1}$	V（m/s）；L（m）；t（s）	28	[99]
吸口鲤科、亚口鱼属	真亚口鱼	*Catostomus catostomus*	持续游动	$V = 2.39L^{0.529}t^{-0.1}$	V（m/s）；L（m）；t（s）	169	[99]

续表

科、属	中文名	拉丁名	游泳模式	拟合公式	公式变量及单位	试验鱼数目	参考文献
吸口鲤科、亚口鱼属	真亚口鱼	*Catostomus catostomus*	持续游动	$V = 11.03L^{0.53}$	V(cm/s)；L(cm)	169	[100]
吸口鲤科、亚口鱼属	白亚口鱼	*Catostomus commersoni*	持续游动	$V = 10.03L^{0.55}$	V(cm/s)；L(cm)	20	[100]
鲑科、白鲑属	鲱形白鲑/白鲑	*Coregonus clupeaformis*	持续游动	$V = 18.2L^{0.35}$	V(cm/s)；L(cm)	159	[100]
鲑科、北鲑属	北鲑	*Stenodus leucichthys*	持续游动	$V = 30.3L^{0.75}$	V(cm/s)；L(cm)	22	[100]
鲑科、太平洋鲑属	红大马哈鱼	*Oncorhynchus nerka*	持续游动	$V = 1.95L^{0.5\sim0.63}$	V(m/s)；L(m)	29	[36]

3. 试验鱼数量

根据鱼类集群特点及试验统计需求，每种工况下的每组试验选用的鱼体数量为 50 尾。

9.4.2 试验鱼运输及暂养

试验鱼计划试验鱼购自雅安，经充氧及活鱼车运输至试验大厅。

到达试验大厅的试验鱼先经过缓慢的温度适应后进行暂养，试验鱼暂养装置见图 9-6。暂养水温为 17～17.7℃（控制温度每变化 1℃时间大于 6h），溶氧为 8～8.63mg/L。测试对象齐口裂腹鱼生存水温为 0.8～33.5℃，适宜生长水温为 5～27℃；重口裂腹鱼最适水温为 16～22℃。因此测试水温应保证在鱼类的适宜生长温度的范围内。测试对象齐口裂腹鱼水体溶氧 4mg/L 以上时活动正常；重口裂腹鱼溶解氧要求大于 5mg/L。因此理化指标均在齐口裂腹鱼和重口裂腹鱼的适宜范围内，暂养时通过充氧机给暂养水体补充氧气。

图 9-6　试验鱼暂养装置

9.4.3 池室结构可通过性试验

1. 试验工况

根据 1:5 的鱼道局部模型情况，共设置 8 组工况。参照整体模型试验结果，此模型下游水位仅能模拟一台机运行时水位，即 0.46m，因此进口水位固定为 0.46m。上游共 7 种工况，分别为：下出口（出口 1）运行时，出口为水深 0.2m、0.3m、0.4m、0.5m 四组工况，分别代表该鱼道出口水深为 1m、1.5m、2m、2.5m 时的运行工况；上出口（出口 2）运行时，出口为水位 0.2m、0.4m、0.5m 三组工况，分别代表该鱼道出口水深为 1m、2m、2.5m 时的运行工况。

先在四个极值工况下进行试验，分别为下出口水位 0.2m、0.5m，上出口水位 0.2m、

0.5m 四组工况下，根据试验结果，选取几个中间工况进行试验分析。

2．观测记录

在试验运行工况下，把鱼放到模拟的河道中，沿程设置 3 个统计点，分别为转角前一个池室、转角后一个池室、出口，在每个统计点记录鱼通过此统计点的时间、鱼体个数。同时记录试验期间观测点的水温、溶氧、pH 值。

用摄像机记录鱼类通过普通池室、休息池、转弯处的情况，观察测试鱼在池室中的游动、往复及休息情况。

鱼类全部通过鱼道模型或试验开始后 120min（根据本次试验的观察结果发现 120min 时过鱼数量基本稳定）则停止观测，若观测发现 30min 内累计通过率基本稳定，也可停止观测。在出口处安装集鱼防逃装置（见图 9−7），用于统计通过鱼数、测量鱼体长和体重，据试验开始 12h 后在防逃装置中收集到的鱼体个数作为最终通过数进行统计。

图 9−7　集鱼防逃装置

3．分析统计

统计各工况、各观测点的鱼类通过效率为

$$E_t = N_{enter}/N_{total}$$

式中：t 为试验时间，可以取 5min、10min、30min、60min、90min 和 120min；N_{enter} 为通过观测隔板的鱼类数量；N_{total} 为试验鱼投放总数。

结合流场条件尤其是流速条件，分析比较各工况的通过效率。

对过鱼困难区和鱼类滞留区进行重点观测记录，结合水力学试验数据分析鱼类对特殊结构的响应。

9.4.4　隔板形式比较试验

根据通过性试验结果，选择典型工况，在 11 个可变形式隔板下游放入试验鱼，每条鱼通过第 2 个隔板开始计时，跟踪记录鱼通过此 10 个隔板无倒退情况所需时间，比较两种隔板形式的通过时间和过鱼效率。隔板形式见图 6-3。

具体试验为先把此 11 个隔板的底孔堵上，记录 30 尾鱼通过 10 个隔板的时间；然后把底孔打开，同样记录 30 尾鱼通过 10 个隔板的时间及通过底孔状况。

9.4.5　鱼类聚集试验

根据过鱼季节的电站运行工况，在 1:60 的电站整体模型上选取 2 台机组运行和 4 台机组运行两种典型工况开展聚集试验，见图 9-8。根据鱼类的集群性特点，选取几十尾全长为 0.02~0.05m 的重口裂腹鱼置于整体模型下游，分别开启机组流量，观测试验鱼的聚群位置及鱼游泳方向，可以取 5min、30min、60min、3h 的鱼类聚群位置进行记录。结合试验工况的流速分布数据对鱼类聚集的水流条件进行分析。

图 9-8　鱼类聚集试验

9.5　试验结果及分析

9.5.1　可通过性试验研究

可通过性试验为在 1:5 的鱼道结构模型上进行放鱼，观测鱼类在鱼道模型中的游动情况试验。观测工况以上、下两个出口分别在 0.2m、0.3m、0.4m、0.5m 进行分类，各代表了鱼道两个出口水位为 1m、1.5m、2m、2.5m 时的运行工况。

每种工况放 50 尾齐口裂腹鱼，鱼全长为 0.08~0.13m。

1．观测工况

先在四个极值工况下进行试验，分别为下出口水位 0.2m、0.5m，上出口水位 0.2m、0.5m 四组工况，根据试验结果，选取几个中间工况进行试验分析。每次试验选取转角前一个隔板、转角后一个隔板、直线段第二个休息池和出口中的三个点进行观测（见

表 9-4）。其中，上出口为 0.5m 的工况由于水位过高，无法观测到出口处的鱼类游动规律。另外，在据试验开始 12h 后，统计出口防逃网中的鱼体个数，作为此工况下的最终通过数。

表9-4　　　　　　　　　　　观　测　结　果

观测位置	上出口/m			下出口/m			
	0.2	0.4	0.5	0.2	0.3	0.4	0.5
转角前一个隔板	√	√	√	×	√	×	√
转角后一个隔板	√	√	√	√	√	√	√
直线段第二个休息池	×	×	×	√	×	√	×
出口	√	√	×	√	√	√	√

注：有观测结果的为√，没有观测结果的为×。

2. 观测结果

（1）工况 1：上游出口水位为 0.2m。试验时间为 2011 年 11 月 21 日。试验水温 17.6℃，溶氧 8.16mg/L，pH 值 8.49。试验鱼为 50 尾齐口裂腹鱼，全长：84～125mm，平均 105.9mm；体长：65～104mm，平均 85.8mm；体重：5.2～15.6g，平均 11.3g。模型出口处隔板竖缝流速为 0.45m/s，进口处隔板竖缝流速为 0.20m/s。对应原型出口处隔板竖缝流速 1.00m/s，进口处隔板竖缝流速为 0.44m/s。从上游到下游，竖缝水位沿程增加，流速沿程降低。表 9-5 为转角前一个隔板、转角后一个隔板、出口处三个点观测的累计通过情况。图 9-9～图 9-11 分别为转角前一个隔板、转角后一个隔板、出口处的观测结果。

表9-5　　　　　　　上游出口水位为 0.2m 工况的累计通过情况

观测点	转角前一个隔板		转角后一个隔板		出口	
时间/min	通过数量	通过率/%	通过数量	通过率/%	通过数量	通过率/%
5	0	0	0	0	0	0
10	1	2	1	2	1	2
30	20	40	18	36	18	36
60	22	44	17	34	17	34
90	33	66	31	62	31	62
120	38	76	36	72		
12h 后					34	68

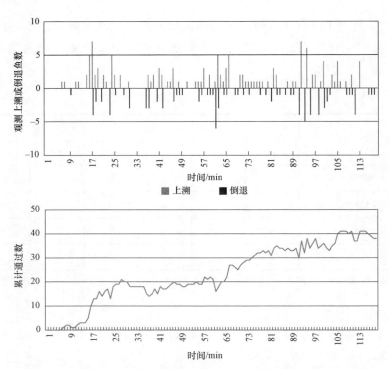

图9-9　转角前一个隔板观测结果（上溯或倒退鱼数及累计通过数）

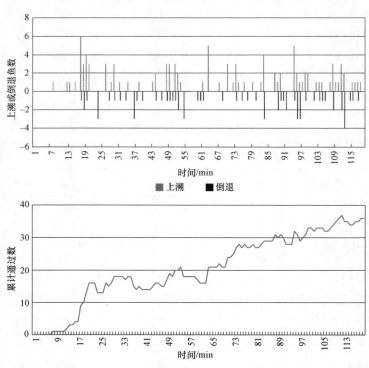

图9-10　转角后一个隔板观测结果（上溯或倒退鱼数及累计通过数）

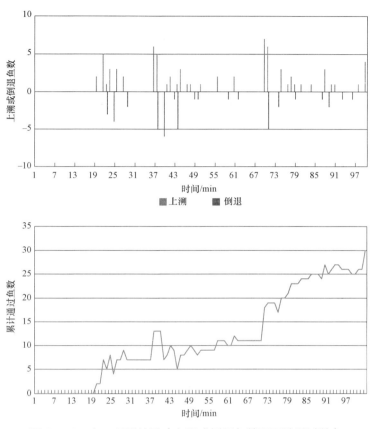

图 9-11 出口观测结果（上溯或倒退鱼数及累计通过数）

试验开始 12h 后，出口处共收集到试验鱼 34 尾。

由图可见，此工况在观测时段内各点的通过率呈稳定上升趋势。

（2）工况 2：上游出口水位为 0.4m。试验时间为 2011 年 11 月 23 日。试验水温 17.7℃，溶氧 8.5mg/L，pH 值 8.24。试验鱼为 50 尾齐口裂腹鱼，全长：76～115mm，平均 102.1mm；体长：61～94mm，平均 84.1mm；体重：5.2～15.6g，平均 10.8g。出口处隔板竖缝流速为 0.49m/s，进口处隔板竖缝流速为 0.43m/s。对应原型出口处隔板竖缝流速为 1.10m/s，进口处隔板竖缝流速为 0.96m/s。从上游到下游，竖缝水位和流速沿程变化不大。表 9-6 为转角前一个隔板、转角后一个隔板、出口处三个点观测的累计通过情况。图 9-12～图 9-14 分别为转角前一个隔板、转角后一个隔板、出口处得观测结果。

表 9-6   上游出口水位为 0.4m 工况的累计通过情况

观测点	转角前一个隔板		转角后一个隔板		出口	
时间/min	通过数量	通过率/%	通过数量	通过率/%	通过数量	通过率/%
5	0	0	0	0	0	0
10	43	86	31	62	0	0
30	29	58	11	22	0	0
60			37	74	14	28
90			43	86	37	74
120						
12h 后					48	96

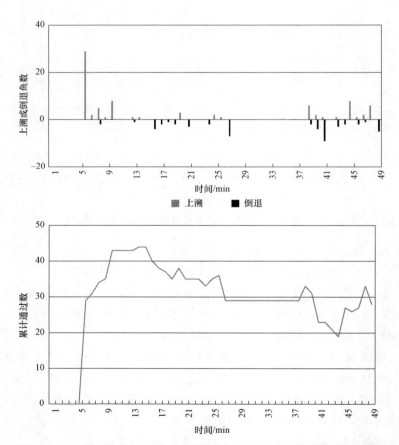

图 9-12 转角前一个隔板观测结果（上溯或倒退鱼数及累计通过数）

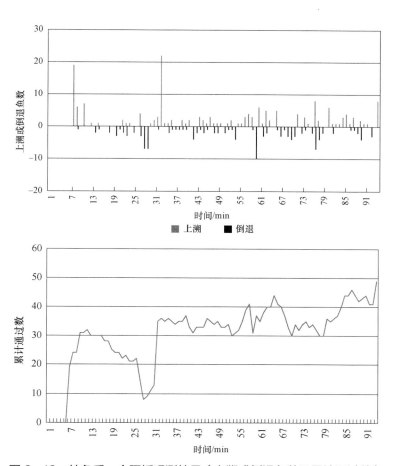

图 9-13 转角后一个隔板观测结果（上溯或倒退鱼数及累计通过数）

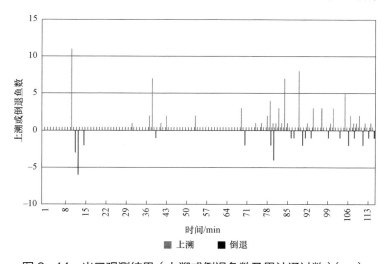

图 9-14 出口观测结果（上溯或倒退鱼数及累计通过数）（一）

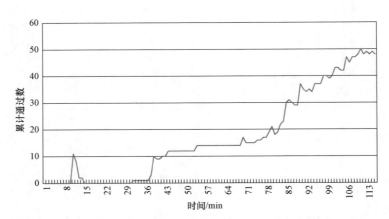

图 9-14　出口观测结果（上溯或倒退鱼数及累计通过数）（二）

试验开始 12h 后，出口处共收集到试验鱼 48 尾。

由图可见，此工况下试验鱼类大部分在 10min 左右到达转角处，40min 后转角前后通过率基本无显著变化，处于频繁的上溯或倒退。

（3）工况 3：上游出口水位为 0.5m。试验时间为 2011 年 11 月 22 日。试验水温 17.0℃，溶氧 8.63mg/L，pH 值 8.25。试验鱼为 50 尾齐口裂腹鱼，全长：84～123mm，平均 105.5mm；体长：69～104mm，平均 85.4mm；体重：6.2～15.1g，平均 10.6g。从上游到下游，竖缝水位和流速沿程变化不大。表 9-7 为转角前一个隔板、转角后一个隔板处两个点观测的累计通过情况。图 9-15 和图 9-16 分别为转角前一个隔板、转角后一个隔板处的观测结果。

表 9-7　　　　　　　　　　上游出口水位为 0.5m 工况的累计通过情况

观测点	转角前一个隔板		转角后一个隔板	
时间/min	通过数量	通过率/%	通过数量	通过率/%
5	0	0	0	0
10	7	14	3	6
30	18	36	18	36
60	25	50	23	46
90	36	72	33	66
120	31	62		
12h 后			34	68

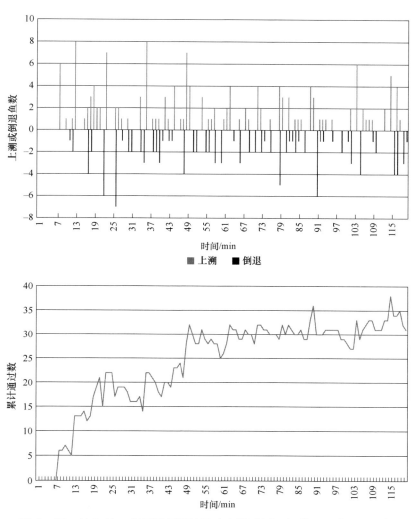

图 9-15 转角前一个隔板观测结果（上溯或倒退鱼数及累计通过数）

试验开始 12h 后，出口处共收集到试验鱼 24 尾（水位较高，约有 10 尾鱼游入上游库区），因此从出口出去的鱼有大约 34 尾。由图可见，此工况在观测时段内各点的通过率呈稳定上升趋势。

（4）工况 4：下游出口水位为 0.2m。试验时间为 2011 年 11 月 14 日。试验水温 17.7℃，溶氧 7.99mg/L，pH 值 8.39。试验鱼为 50 尾齐口裂腹鱼，全长：86～119mm，平均 105.3mm；体长：71～99mm，平均 86.9mm；体重：6.0～16.5g，平均 11.4g。出口处隔板竖缝流速为 0.45m/s，进口处隔板竖缝流速为 0.20m/s。对应原型出口处隔板竖缝流速为 1.00m/s，进口处隔板竖缝流速为 0.44m/s。从上游到下游，竖缝水位沿程增加，流速沿程降低。表 9-8 为转角后一个隔板、直线段第二个休息池前一个隔板、出口处三个点观测的累计通过情况。图 9-17～图 9-19 分别为转角前一个隔板、直线段第二个休息池前一个隔板、出口处得观测结果。

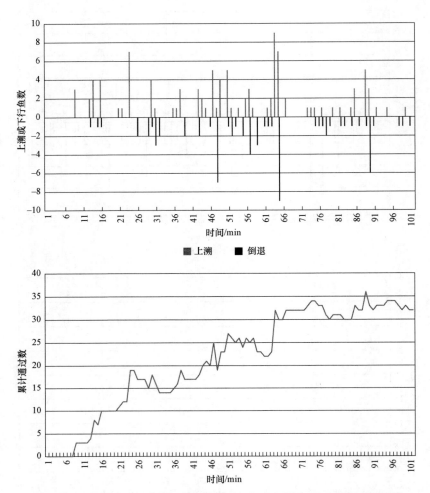

图 9-16 转角后一个隔板观测结果（上溯或倒退鱼数及累计通过数）

表 9-8 下游出口水位为 0.2m 工况的累计通过情况

观测点	转角后一个隔板		直线段第二个休息池前一个隔板		出口	
时间/min	通过数量	通过率/%	通过数量	通过率/%	通过数量	通过率/%
5	0	0	0	0	0	0
10	6	12	2	4	1	2
30	19	38	16	32	8	16
60	30	60	29	58	19	38
90	31	62	31	62	31	62
120	46	92	45	90	45	90
12h 后					47	94

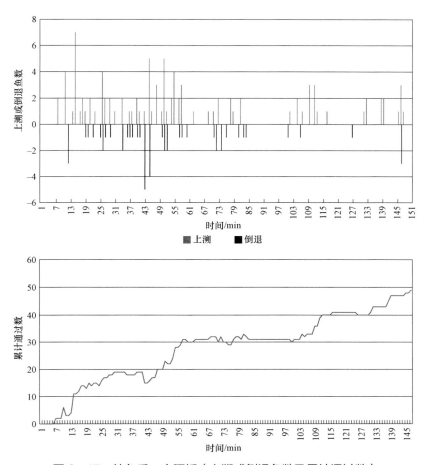

图 9-17 转角后一个隔板（上溯或倒退鱼数及累计通过数）

试验开始 12h 后，出口处共收集到试验鱼 47 尾。由图可见，此工况在观测时段内各点的通过率呈稳定上升趋势。

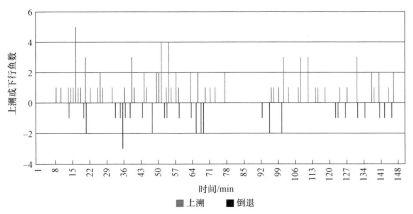

图 9-18 直线段第二个休息池前一个隔板观测结果
（上溯或倒退鱼数及累计通过数）（一）

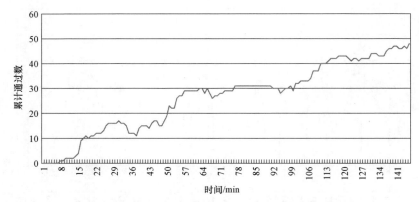

图9-18　直线段第二个休息池前一个隔板观测结果
（上溯或倒退鱼数及累计通过数）（二）

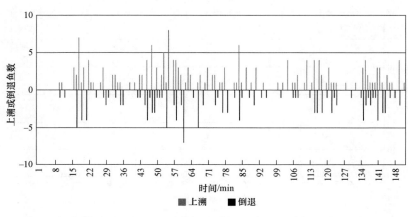

■上溯　■倒退

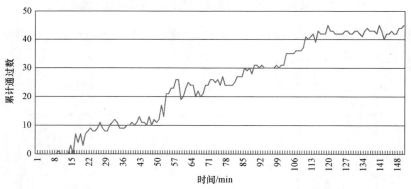

图9-19　出口观测结果（上溯或倒退鱼数及累计通过数）

（5）工况5：下游出口水位为0.3m。试验时间为2011年11月16日。试验水温17℃，溶氧8.35mg/L，pH值8.23。试验鱼为50尾齐口裂腹鱼，全长：80～122mm，平均105.7mm；体长：65～102mm，平均87.4mm；体重：6.8～16.3g，平均12.1g。出口处隔板竖缝流速为0.45m/s，进口处隔板竖缝流速为0.30m/s。对应原型出口处隔板竖缝流速为1.01m/s，进口处隔板竖缝流速为0.66m/s。从上游到下游，竖缝水位沿程增加，流速沿程降低。表9-9

为转角前一个隔板、转角后一个隔板、出口处三个点观测的累计通过情况。图 9-20~图 9-22 分别为转角前一个隔板、转角后一个隔板、出口处得观测结果。

表9-9 下游出口水位为 0.3m 工况的累计通过情况

观测点	转角前一个隔板		转角后一个隔板		出口	
时间/min	通过数量	通过率/%	通过数量	通过率/%	通过数量	通过率/%
5	0	0	0	0	0	0
10	34	68	29	58	0	0
30	41	82	20	40	4	8
60	36	72	27	54	15	30
90	37	74	32	64	20	40
120					19	38
12h 后					35	70

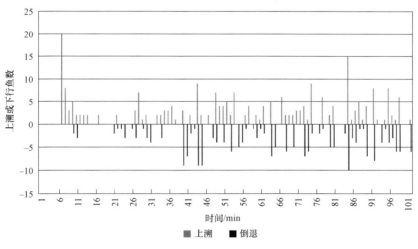

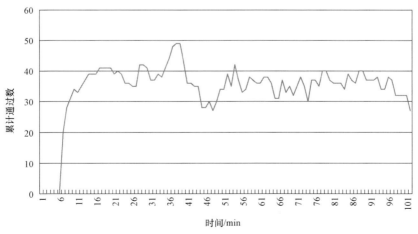

图 9-20 转角前一个隔板观测结果（上溯或倒退鱼数及累计通过数）

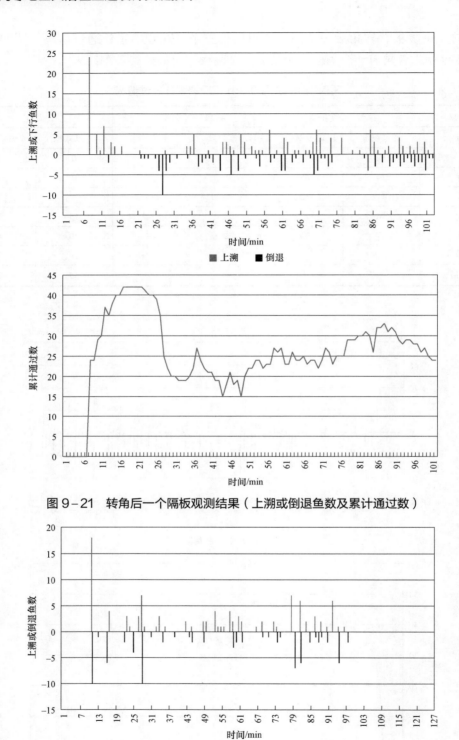

图9-21 转角后一个隔板观测结果（上溯或倒退鱼数及累计通过数）

图9-22 出口观测结果（上溯或倒退鱼数及累计通过数）（一）

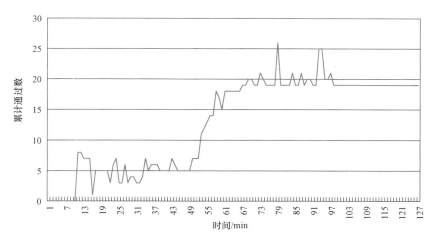

图9-22 出口观测结果（上溯或倒退鱼数及累计通过数）（二）

试验开始12h后，出口处共收集到试验鱼35尾。

由图可见，此工况下试验鱼类大部分在15min左右到达转角处，40min后转角前后通过率基本无显著变化，处于频繁的上行和下行。

（6）工况6：下游出口水位为0.4m。试验时间为2011年11月13日。试验水温17.7℃，溶氧8.50mg/L，pH值8.24。试验鱼为50尾齐口裂腹鱼，全长：85～126mm，平均105.3mm；体长：69～108mm，平均86.7mm；体重：6.7～18.7g，平均11.0g。出口处隔板竖缝流速为0.49m/s，进口处隔板竖缝流速为0.43m/s。对应原型出口处隔板竖缝流速为1.10m/s，进口处隔板竖缝流速为0.96m/s。从上游到下游，竖缝水位和流速沿程变化不大。表9-10为转角前一个隔板、直线段第二个休息池前一个隔板、出口处三个点观测的累计通过情况。图9-23～图9-25分别为转角前一个隔板、直线段第二个休息池前一个隔板、出口处的观测结果。

表9-10 下游出口水位为0.4m工况的累计通过情况

观测点	转角后一个隔板		直线段第二个休息池前一个隔板		出口	
时间/min	通过数量	通过率/%	通过数量	通过率/%	通过数量	通过率/%
5	0	0	0	0	0	0
10	0	0	0	0	0	0
30	21	42	15	30	10	20
60	32	64	25	50	18	36
90						
120						
12h后					41	82

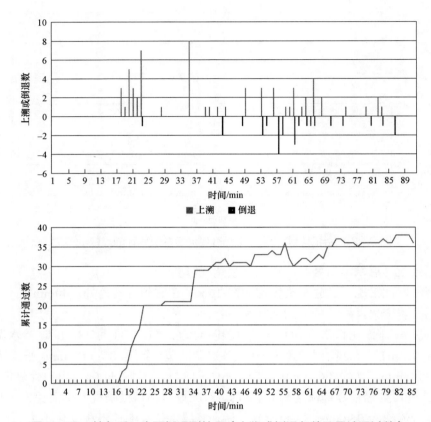

图9-23 转角后一个隔板观测结果（上溯或倒退鱼数及累计通过数）

试验开始 12h 后，出口处共收集到试验鱼 41 尾。

由图可见，此工况下大量试验鱼类在 10min 左右到达转角处，形成第一个上溯高峰，40min 后转角前后通过率基本无显著变化，处于频繁的上行和下行。

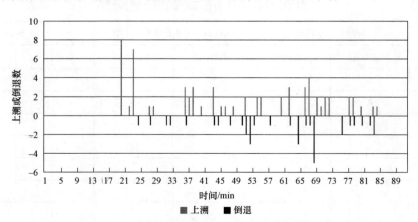

图9-24 直线段第二个休息池前一个隔板观测结果
（上溯或倒退鱼数及累计通过数）（一）

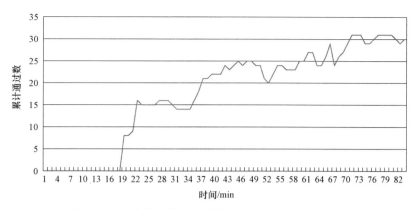

图9-24 直线段第二个休息池前一个隔板观测结果
（上溯或倒退鱼数及累计通过数）（二）

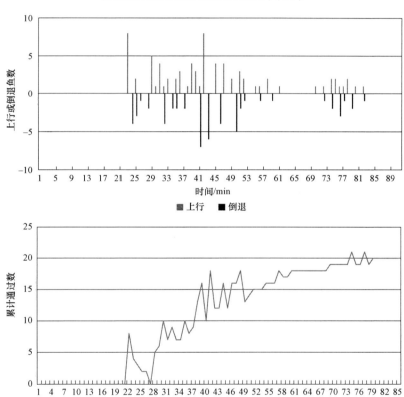

图9-25 出口观测结果（上溯或倒退鱼数及累计通过数）

（7）工况7：下游出口水位为0.5m。试验时间为2011年11月15日。试验水温17.7℃，溶氧8.42mg/L，pH值8.44。试验鱼为50尾齐口裂腹鱼。试验鱼为50尾齐口裂腹鱼，全长：85～126mm，平均105.3mm；体长：69～108mm，平均86.7mm；体重：6.7～18.7g，平均11.0g。出口处隔板竖缝流速为0.49m/s，进口处隔板竖缝流速为0.43m/s。从上游到下游，竖缝水位和流速沿程变化不大。表9-11为转角前一个隔板、转角后一个隔板、出口处三个点观测的累计通过情况。图 9-26～图 9-28 分别为转角前一个隔板、转角后一个隔板、出口处的观测结果。

表 9-11 　　　　　　　　下游出口水位为 0.5m 工况的累计通过情况

观测点	转角前一个隔板		转角后一个隔板		出口	
时间/min	通过数量	通过率/%	通过数量	通过率/%	通过数量	通过率/%
5	2	4	0	0	0	0
10	15	30	11	22	0	0
30	35	70	32	64	8	16
60	33	66	33	66	26	52
90	36	72	35	70	33	66
120	45	90	45	90	39	78

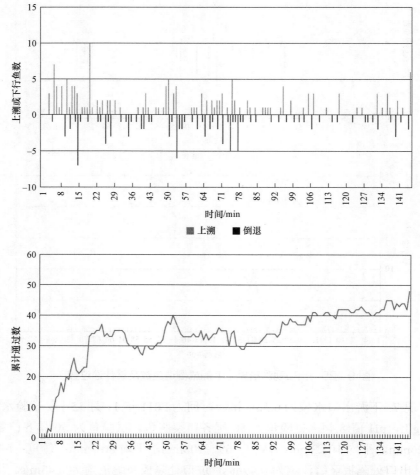

图 9-26　转角前一个隔板观测结果（上溯或倒退鱼数及累计通过数）

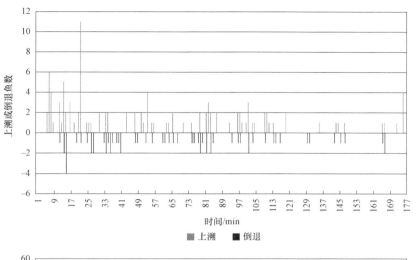

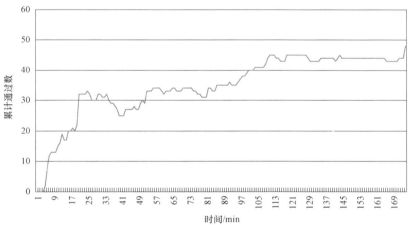

图 9-27　转角后一个隔板观测结果（上溯或倒退鱼数及累计通过数）

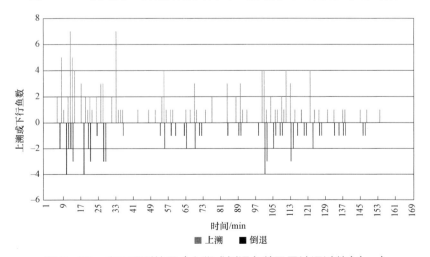

图 9-28　出口观测结果（上溯或倒退鱼数及累计通过数）（一）

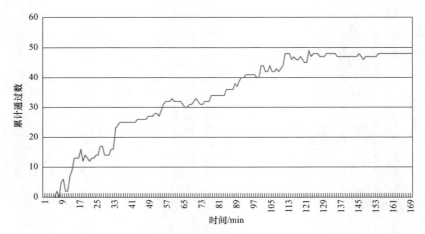

图 9-28　出口观测结果（上溯或倒退鱼数及累计通过数）（二）

由图可见，此工况下大量试验鱼类在 20min 左右到达转角处，形成第一个上溯高峰，40min 后转角前后观测的鱼类通过率的增速放缓，鱼类的上行和下行的数量都较 40min 前减少。

9.5.2　隔板比较试验研究

隔板比较试验在转角后第 2~10 个隔板进行，此 10 个隔板为缝式+底孔隔板。水位为 40cm 运行时，在无底孔（竖缝式隔板）和有底孔（竖缝+底孔式隔板）两种形式下观测了 30±2 尾鱼的通过时间，比较两种隔板的形式。

由图 9-29 可见，在水位为 40cm 时，通过 10 个竖缝式隔板的时间为 19~78s，平均耗时 37s；通过 10 个竖缝+底孔式隔板组的时间为 19~111s，平均耗时 48s。通过 10 个竖缝式隔板组的时间＜10 个竖缝+底孔式隔板组的时间。

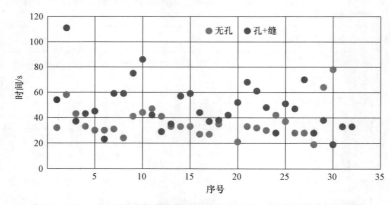

图 9-29　30 尾鱼通过竖缝式隔板和竖缝+低空式隔板的时间

通过 10 个竖缝+底孔式隔板时，其中有 6 尾鱼通过 1 个隔板时选择底孔，其余隔板均从竖缝通过；有 2 尾鱼通过 2 个隔板时选择底孔，其余隔板均从竖缝通过；有 1 尾鱼通过 4 个隔板时选择底孔，其余隔板均从竖缝通过；剩下 23 尾试验鱼通过 10 个隔板时均从竖缝通过。

由隔板通过时间比较结果可见，鱼类通过隔板时较少选用底孔，且通过竖缝式隔板较竖缝+底孔式隔板的耗时短。通过本次试验结果推荐选择竖缝式隔板形式。

鱼类通过两种隔板的时间均较短，因此在实际应用中，隔板形式的选用要结合池室水力学条件、水位变幅调节等因素进行综合考虑。

9.5.3　鱼类集群试验研究

整体模型比尺为 1:60，模型下游水位约为 10cm，下游流速约为 0.1～0.2m/s。水位对于鱼类游动较小，由于 1:60 模型内水深较小，且底质难以模型自然状况下的天然底质，因此该试验仅代表试验鱼在模型中的聚集规律。

整体模型试验选用全长为 0.02～0.05m 的重口裂腹鱼，试验开始把 50 尾鱼放入电站消力坦下游，观测记录鱼在 5min、10min、30min、60min、3h 的聚集区域。

1. 坝下右岸两台机运行工况

试验时间为 2011 年 11 月 21 日。坝下右岸两台机运行时，开始时鱼类上下往返游动，1h 后鱼类聚集在电站尾水附近，主要聚集在不发电机组下游，见图 9-30。

图 9-30　右岸两台机发电时鱼类聚集区示意图

2. 坝下右岸四台机运行工况

试验时间为 2011 年 11 月 23 日。坝下右岸四台机运行时，开始时鱼类上下往返游动，30min 后鱼类聚集在电站尾水附近，主要聚集在不发电机组下游，见图 9-31 和图 9-32。

3. 坝下拦鱼网栅试验

试验时间为 2011 年 11 月 24 日。试验机组满发工况时，设置拦鱼网栅的鱼类聚群效果。可见鱼类在网栅下游往复游动，会朝网栅的左右两边最上游进行聚集，因此此形式网栅可起到拦鱼和导鱼效果（见图 9-33）。

图 9−31　右岸四台机发电时鱼类聚集区示意图

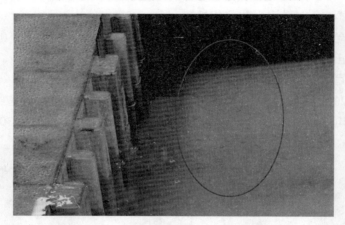

图 9−32　右岸四台机发电时鱼类聚集区图

图 9−33　电站尾水下游设置拦鱼网栅

9.6　分析与讨论

9.6.1　鱼道模型可通过性分析

1. 上游出口运行时的各工况结果比较

（1）上游出口运行时，各工况下转角前一个隔板鱼类通过情况比较（见图9−34）。

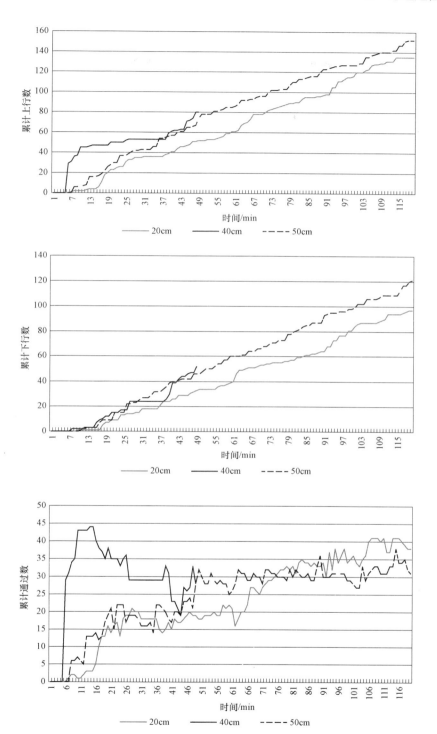

图 9-34 上出口各运行工况在转角前一个隔板上行、下行和累计通过数

由图 9-34 可见，在转角前一个隔板处，上游出口 50cm 水位运行的上行数量和下行数量均较大，40cm 水位运行的高峰期主要集中在 15min 内，15min 后累计通过数有下降趋

势，20cm 的上行数和下行数均较小，但是累计通过数最大。

（2）上游出口运行时，各工况下转角后一个隔板鱼类通过情况比较（见图 9-35）。

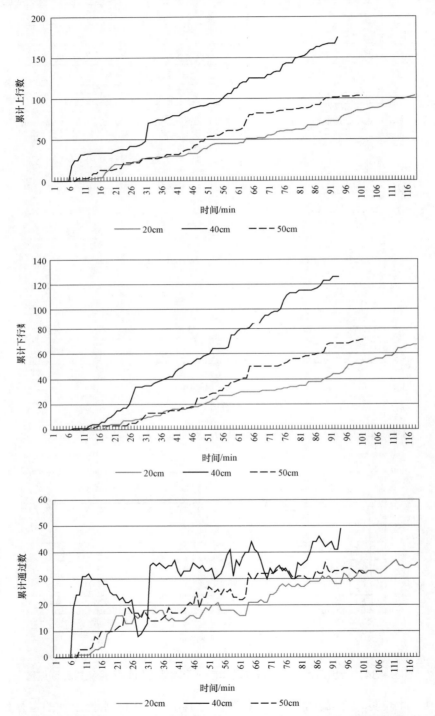

图 9-35　上出口运行各工况在转角后一个隔板上行、下行和累计通过数

　　由图 9-35 可见，在转角后一个隔板处，上游出口 40cm 水位运行的上行数量和下行数量均较大，且累计通过数随时间的变化曲线震荡幅度大；50cm 水位运行的上行、下行及累计通过数均居中；20cm 的上行数和下行数均较小，累计通过数居中。

　　（3）上游出口运行时，各工况下鱼类通过出口情况比较（见图 9-36）。

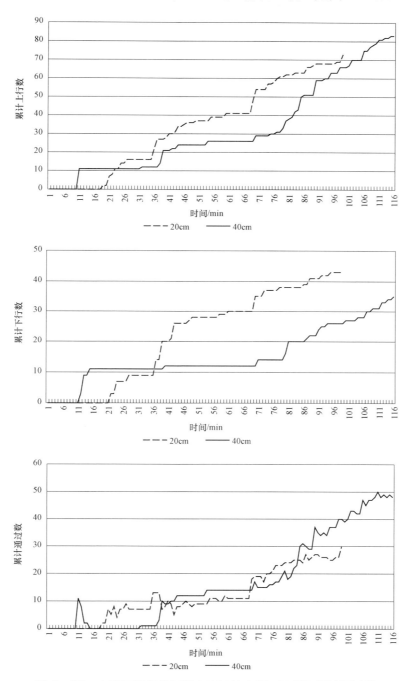

图 9-36　上出口运行各工况在出口处上行、下行和累计通过数

由上游出口运行时，各工况通过性试验比较得出，当出口水位为40cm（即鱼道出口水位为2m运行时），运行115min的鱼道通过效率可达到98%。出口水位为20cm时，运行100min的鱼道通过效率为60%。

2. 下游出口运行时的各工况结果比较

（1）下游出口运行时，各工况下转角前一个隔板鱼类通过情况比较（见图9-37）。

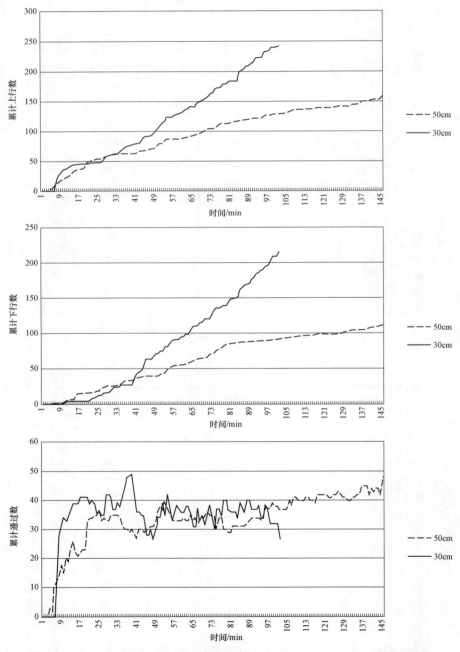

图9-37　下出口运行各工况在转角前第一个隔板上行、下行和累计通过数

由图可见，在转角前一个隔板处，下出口 30cm 水位运行的上行数量和下行数量均较大，40min 后累计通过数变化不大；50cm 的上行数量和下行数量均较小，但是累计通过数量大。

（2）下游出口运行时，各工况下转角后一个隔板鱼类通过情况比较（见图 9-38）。

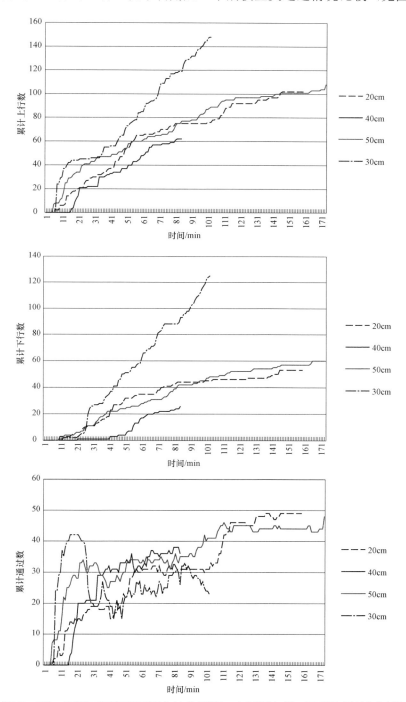

图 9-38　下出口运行各工况在转角后第一个隔板上行、下行和累计通过数

由图可见，在转角后一个隔板处，下出口30cm水位运行的上行数量和下行数量均较大，且累计通过高峰期主要集中在20min内，12h的出口统计数量也为所有工况中最少；20cm、50cm工况的上行数和下行数居中，但是累计通过数最大；40cm的上行和下行数最小，累计通过数居中。

（3）下游出口运行时，各工况下直线段第二个休息池前一个隔板鱼类通过情况比较（见图9-39）。

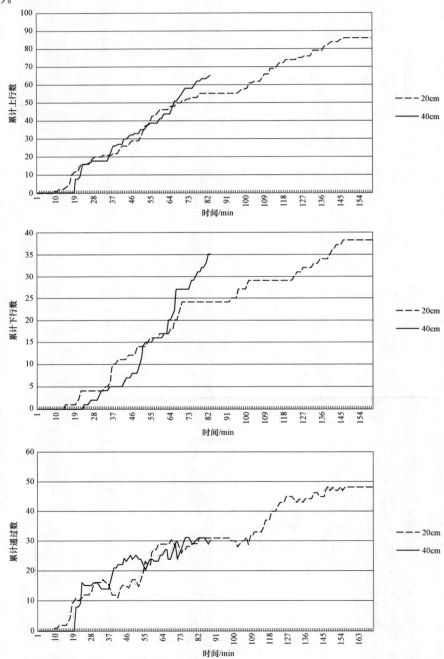

图9-39　下出口运行各工况在直线段第二个休息池上行、下行和累计通过数

由图 9-39 可见，在直线段第二个休息池前一个隔板处，下出口水位 20cm、40cm 两工况的上行量、下行量和累计通过数差别不大。

（4）下游出口运行时，各工况下鱼类通过出口情况比较（见图 9-40）。

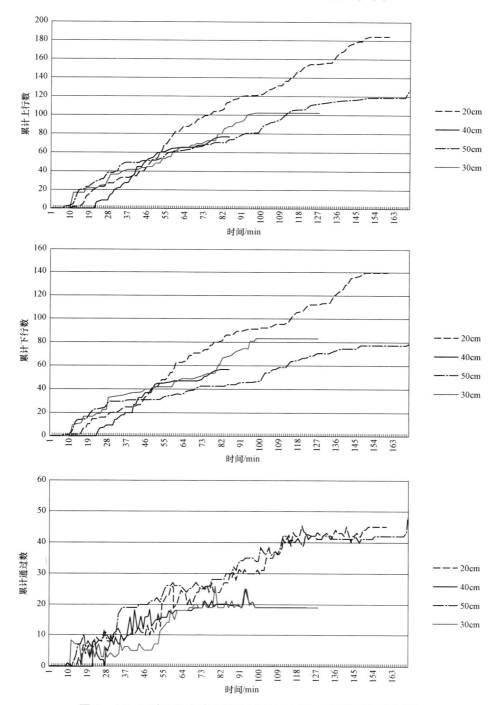

图 9-40 下出口运行各工况在出口的上行、下行和累计通过数

由图 9-40 可见，在出口处，下出口水位 20cm、50cm 两工况的累计通过数最大，但是 20cm 的上行、下行数量均最大，而 50cm 的上行、下行数量均最小。30cm 和 40cm 两工况在 60min 后的累计通过数均变化不大，12h 统计结果也较 20cm 工况小。

3. 各工况下各观测点的鱼类通过率统计

鱼道上游出口各工况下，各时段各测点鱼类通过效率见表 9-12 和表 9-13。

表 9-12　上游出口工况下，各时段各测点的鱼类通过效率

观测位置	转角前一个隔板					
出口水位	出口 20cm		出口 40cm		出口 50cm	
时间	通过数	通过率/%	通过数	通过率/%	通过数	通过率/%
5min	0	0	0	0	0	0
10min	1	2	43	86	7	14
30min	20	40	29	58	18	36
60min	22	44			25	50
90min	33	66			36	72
120min	38	76			31	62
观测位置	转角后一个隔板					
出口水位	出口 20cm		出口 40cm		出口 50cm	
时间	通过数	通过率/%	通过数	通过率/%	通过数	通过率/%
5min	0	0	0	0	0	0
10min	1	2	31	62	3	6
30min	18	36	11	22	18	36
60min	17	34	37	74	23	46
90min	31	62	43	86	33	66
120min	36	72				
观测位置	出口					
出口水位	出口 20cm		出口 40cm		出口 50cm	
时间	通过数	通过率/%	通过数	通过率/%	通过数	通过率/%
5min	0	0	0	0		
10min	0	0	0	0		
30min	7	14	0	0		
60min	12	24	14	28		
90min	27	54	37	74		
120min						
12h	34	68	48	96	34	68

表 9-13　　　　　　下游出口工况下，各时段各测点的鱼类通过效率

观测位置	转角前一个隔板							
出口水位	出口20cm		出口30cm		出口40cm		出口50cm	
时间	通过数	通过率	通过数	通过率/%	通过数	通过率	通过数	通过率/%
5min			0	0			2	4
10min			34	68			15	30
30min			41	82			35	70
60min			36	72			33	66
90min			37	74			36	72
120min							45	90

观测位置	转角后一个隔板							
出口水位	出口20cm		出口30cm		出口40cm		出口50cm	
时间	通过数	通过率/%	通过数	通过率/%	通过数	通过率/%	通过数	通过率/%
5min	0	0	0	0	0	0	0	0
10min	6	12	29	58	0	0	11	22
30min	19	38	20	40	21	42	32	64
60min	30	60	27	54	32	64	33	66
90min	31	62	32	64			35	70
120min	46	92					45	90

观测位置	直线段第二个休息池前一个隔板							
出口水位	出口20cm		出口30cm		出口40cm		出口50cm	
时间	通过数	通过率/%	通过数	通过率	通过数	通过率/%	通过数	通过率
5min	0	0			0	0		
10min	2	4			0	0		
30min	16	32			15	30		
60min	29	58			25	50		
90min	31	62						
120min	45	90						

观测位置	出口							
出口水位	出口20cm		出口30cm		出口40cm		出口50cm	
时间	通过数	通过率/%	通过数	通过率/%	通过数	通过率/%	通过数	通过率/%
5min	0	0	0	0	0	0	0	0
10min	1	2	0	0	0	0	0	0
30min	8	16	4	8	10	20	8	16

续表

观测位置	出口							
出口水位	出口 20cm		出口 30cm		出口 40cm		出口 50cm	
时间	通过数	通过率/%	通过数	通过率/%	通过数	通过率/%	通过数	通过率/%
60min	19	38	15	30	18	36	26	52
90min	31	62	20	40			33	66
120min	45	90	19	38			39	78
12h	47	94	35	70	41	82		

注：表 9-12 和表 9-13 中部分工况由于鱼类频繁地上下行，几十分钟后统计数据已不准确，因此一些工况的统计数据没有达到 120min，只统计了前面较准确的部分。下游出口运行工况下，出口水位为 20cm 和 40cm 运行工况没有在转角前一个隔板处设置观测点，而是在直线段第二个休息池前一个隔板处设置的观测点，用于观测鱼类在直线段休息池的通过状况，发现鱼类在休息处均无休息，和普通池室的通过性无显著区别。上游出口水位 50cm 运行工况由于出口周围被高水位水体包围，无法观测到出口处的鱼类通过状况，因此此工况下无出口观测数据。

从上述两表中可以看出，就进口段进鱼效率而言，进鱼率最高的时间段发生在试验开始的前 30min 内。进鱼率最高的试验工况为出口水位为 30cm 和 40cm 两个中间工况，在试验开始 10min 内通过转角前一个隔板的过鱼数量已达到试验鱼总数的 60% 以上；进鱼率居中的工况为出口水位为 50cm 的工况；出口水位为 20cm 的工况进鱼效率最低。分析原因为出口水位为 20cm 的工况进口流速最小，对鱼类的吸引小，因此鱼类寻找进口需消耗更多的时间。而出口为 50cm 工况对鱼类的吸引大，但是全程流速大，鱼类上溯相对较难。出口水位为 30cm 和 40cm 两中间工况既保有一定的吸引水流，同时上溯难度相对居中。

就整体通过率而言，出口水位为 20cm 工况的通过率较高，下行较少；出口水位为 50cm 工况全程流速大，对鱼类吸引大，通过率次之；出口水位为 30cm 和 40cm 两中间工况的上行率高，下行率也高，但整体通过率低，试验开始 30min 后的通过转角前后隔板的过鱼总数没有显著变化，鱼类基本上处于频繁的上行和下行状态。

从出口处收集的鱼类情况可见，试验开始后 12h，鱼道模型通过率均大于 68%。

上出口和下出口同水位条件的过鱼率比较：下出口运行时的通过效率高于上出口运行时的通过效率。

9.6.2　整体模型的鱼类集群区域分析

在 1:60 的电站整体模型上开展了坝下右岸两台机和四台机运行时的鱼类集群试验，鱼类主要集中在不发电的机组下游，可见鱼类聚集在能游到的障碍物下边界处。因此本鱼道进口建议设置在电站尾水附近。但是由于本鱼道模型比尺有限，模型底质对鱼的影响大，且电站消力池下游水域的最大流速也小于鱼类的临界游泳速度，与实际状况存在一定差异，无法明确进口的具体位置。

鱼类聚集性试验可以看出鱼类的趋流性，鱼类聚集在能游到的障碍下游边界（坝或无法逾越的大流速区)。因此选用鱼道进口可根据过鱼季节运行工况的流场特性,选择鱼类突进速度边界的下游处设置鱼道进口,当鱼道进口区流速较小时,增加补水流量吸引鱼类进入。在过鱼季节,可根据诱鱼性,合理调配发电机组,便于鱼类寻找进口。

网栅具有拦鱼和导鱼效果,在不影响电站发电和泄水安全的情况下,可在下游设置物理或电拦鱼网栅引导鱼寻找进口。

9.7 小　　结

9.7.1 不同工况过鱼效果

在各种运行工况下,试验鱼在鱼道模型的 12h 通过效率均可达到 60%以上,据试验开始 90min 时过鱼效率均已达到 40%。

上游出口为低水位运行时,流速较低,鱼类更容易通过鱼道,且返回率较低,但是进口流速较小,鱼类寻找进口的时间较长;上游出口为高水位运行时,进口流速大,鱼类更易寻找到进口,但是全程流速较大,通过较为困难;当出口为中水位运行,即上下游水位相近时,鱼类上行和下行量均较大,但累计通过量不大,可能是全程过鱼孔流速梯度小,对鱼类的指向性不强所致。

因此进口处及下游低流速过鱼孔均应增加补水措施,吸引鱼类进入。

从上游出口和下游出口的同水位运行结果比较可见,鱼道越长,过鱼效率越低。

9.7.2 不同隔板过鱼效果

由隔板通过时间试验结果可见,在水位为 40cm 时,30 尾试验鱼通过 10 个竖缝式隔板组的平均时间<10 个竖缝+底孔式隔板组的平均时间,且鱼类通过隔板时较少选用底孔。

由隔板通过时间比较结果可见,鱼类通过鱼道模型隔板时较少选用底孔,且通过竖缝式隔板较竖缝+底孔式隔板的耗时短。开底孔对鱼道模型过鱼效果没有显著影响,鱼类从竖缝通过的概率较大。通过本次试验结果推荐选择竖缝式隔板形式。

鱼类通过两种隔板的时间均较短,因此在实际应用中,隔板形式的选用要结合池室水力学条件、水位变幅调节等因素进行综合考虑。

9.7.3 坝下鱼类集群规律

在 1:60 的藏木水电站整体模型上开展了坝下右岸两台机和四台机运行时的鱼类集群试验,鱼类主要集中在不发电的机组下游,因此本鱼道进口建议设置在电站尾水附近。但是由于本鱼道模型比尺有限,模型底质对鱼的影响大,且电站消力池下游水域的最大流速也小于鱼类的临界游泳速度,与实际状况存在一定差异,无法明确进口的具体位置。

鱼类聚集性试验可以看出鱼类的趋流性,鱼类聚集在能游到的障碍下游边界(坝或无法逾越的大流速区）。因此选用鱼道进口可根据过鱼季节运行工况的流场特性，选择鱼类突进速度边界的下游处设置鱼道进口，当鱼道进口区流速较小时，增加补水流量吸引鱼类进入。在过鱼季节，可根据诱鱼性，合理调配发电机组，便于鱼类寻找进口。

在不影响发电泄水和安全的情况下可考虑在下游设置物理或拦鱼电栅引导鱼寻找进口。

过鱼效果监测评估

10.1　常　规　监　测

10.1.1　监测目的

在鱼道开始投入运转以及后期规律正式运行的间隔期间，应当进行常规监测，以确保鱼道符合设计标准。

10.1.2　监测内容

鱼道常规监测包括水力参数监测、机械运行参数监测和鱼道阻塞监测。

（1）水力参数监测。主要内容包括：监测鱼道进口、出口水位和水动力学条件；监测鱼道内流速、水深、隔板过鱼孔的流速、沿程水面线变化；监测鱼道特殊池室内的流速、水深、流态、紊流度等。

（2）机械运行参数监测。主要内容包括：监测进口、出口和过坝段闸门的启闭情况；监测鱼道观测设备的运行情况。

（3）鱼道阻塞监测。鱼道应特别注意由漂浮残渣引起的任何阻塞。这些残渣可能严重妨碍鱼类通过鱼道某些关键区域，如鱼道进水口、出水口、鱼道过缝段。鱼道内残渣的阻塞还可能堵塞鱼道观测研究室布置的格栅，引起鱼道观测室附近流速、流态的改变。鉴于此，必须定期和仔细对鱼道阻塞情况进行监测。

主要包括的内容有：鱼道进水口、出水口过缝段等关键区域阻塞监测；鱼道观测研究室段及格栅阻塞情况监测。

10.1.3　监测时段

鱼道工程主要过鱼季节为 3～6 月，兼顾过鱼季节为 2 月、7～10 月。根据鱼道的过鱼季节，确定常规监测项目的监测时段和监测频率见表 10-1。

表 10-1　　　　　　　　　鱼道常规监测时段及监测频率

监测内容		监测时段	监测频率
常规监测	水力参数监测	2~10 月	实时监测
	机械运行参数监测		实时监测
	鱼道阻塞监测		每 2 周监测 1 次

10.1.4　监测方法

本工程拟定采取的监测方法和监测设备见表 10-2。鱼道监测技术较为复杂，且目前尚处于探索阶段，鱼道监测设备和方法可根据发展现状适时调整。

表 10-2　　　　　　　　　鱼道监测方法及监测设备

监测内容		监测指标	监测方法	所需设备	监测点位
常规监测	水力参数监测	流速	自动监测	流速仪	鱼道进口、出口及鱼道典型断面
		水位	自动监测	水位变送器	鱼道进口、出口及鱼道典型断面
		鱼道流量	自动监测	超声波测流装置	鱼道出口
		流态	科学研究		鱼道进口、出口及鱼道典型断面
	机械运行参数监测	闸门启闭	自动监测	监测终端系统	进口、出口和过坝段闸门
		观测设施运行	自动监测	监测终端系统	鱼道观测设施布置点位
	鱼道阻塞监测	阻塞监测	人工巡视		鱼道进水口、出水口过缝段等关键区域
			人工巡视		鱼道观测研究室段及格栅

10.2　过鱼效果监测评估

10.2.1　监测目的

过鱼设施设计是个复杂的过程，很难做到一次设计完全满足所有鱼类长期的过坝需求，若要发挥其最佳效果，必须对鱼道实施适应性管理，对其投入运行后的实际效果进行跟踪监测，并根据监测结果对鱼道工程进行修改和完善。定期开展鱼道的过鱼效果观测和统计，分析过鱼效果，积累基础资料，建立监测评估数据库，根据过鱼效果监测结果，分析研究鱼道工程的过鱼效果，为同类工程设计提供借鉴。

10.2.2　监测内容

（1）过鱼对象信息监测统计。监测内容应包括过鱼种类、过鱼数量、过鱼规格、鱼类发育情况、过鱼时段监测以及不同工况过鱼效果等。

（2）鱼道过鱼效率监测评估。鱼道过鱼效率监测评估主要包括：进口诱鱼效率；鱼类上溯规律；鱼道过鱼效率；找出影响过鱼效果的其他因素。

10.2.3　监测时段

鱼道工程重点过鱼季节为 3～6 月。根鱼道的过鱼季节，确定鱼道过鱼效果监测和评估的监测指标时段及频率见表 10-3。

表 10-3　　　　鱼道过鱼效果监测和评估的监测指标、时段及频率

监测内容		监测指标	监测时段	监测频率
过鱼效果监测和评估	过鱼对象信息监测统计	过鱼数量	3～6 月	实时监测，每周统计 1 次
		过鱼种类		每月 1 次
		过鱼规格		每月 1 次
		鱼类发育情况		每月 1 次
		过鱼时段		实时监测
	鱼道过鱼效率监测评估	进口诱鱼效率		每年 2 次
		鱼类上溯规律		每年 2 次
		鱼道过鱼效率		每年 2 次

10.2.4　监测方法

本工程拟定采取的监测方法和监测设备见表 10-4。考虑到鱼道过鱼效果监测评估的专业性，监测工作可作为专项科研课题委托有关科研单位承担。

表 10-4　　　　鱼道过鱼效果监测方法及监测设备

监测内容		监测指标	监测方法	所需设备	监测点位
过鱼效果监测和评估	过鱼对象信息监测统计	过鱼数量	视频监控	视频监控器	在鱼道不同断面设置视频监控，对通过断面的鱼类进行监控
		过鱼种类	池室内采样法	鱼类采集笼，天平，量鱼板，手术工具等	通过将鱼道中的水排空或用捕鱼笼在鱼道中直接采集鱼类并进行鉴定
		过鱼规格			
		鱼类发育情况			
		过鱼时段	视频监控	视频监控器	同过鱼数量监测点位

监测内容		监测指标	监测方法	所需设备	监测点位
过鱼效果监测和评估	鱼道过鱼效率监测评估	进口诱鱼效率	PIT 标记	PIT 标记、PIT 探测门	在下游河道捕捞部分鱼类样本，植入 PIT 标记，在鱼道进口及沿程各断面设置探测门进行监测
		鱼类上溯规律			
		鱼道过鱼效率	渔获物调查 PIT 标记	天平、量鱼板、培养皿等	对坝下鱼类资源进行调查。在下游河道捕捞部分鱼类样本，植入 PIT tag，在鱼道进口及沿程各断面设置探测门进行监测。

目前，评价鱼道过鱼效率可采用以下两种方法：

（1）渔获物调查法。调查和评估坝下游鱼类的数量，通过视频监控或截堵法统计鱼道内的鱼类数量，将鱼道内鱼类数量和坝下鱼类数量比较统计鱼道过鱼效率。

（2）标记法。标记一定数量的鱼类，将这些鱼类投放到鱼道下游，然后通过进入鱼道内标记鱼类的数量与标记总的鱼类数量的比值统计鱼道过鱼效率。计算鱼道过鱼效率的公式如下：

$$E = 100N_p/(C \cdot N_m)$$

式中：E 为鱼道过鱼效率，%；N_p 为进入鱼道内标志的鱼类数量；N_m 为下游标志鱼类的总数量；C 为标记对鱼类的影响系数，$0 < C \leqslant 1$，如死亡率，%。

根据鱼道过鱼效果监测经验，目前最大的难点是标志对鱼体的影响（即标记对鱼类的影响系数 C），对于体质较弱的鱼类影响尤为巨大，标志可能改变其洄游行为甚至造成较高的死亡率，影响对鱼道过鱼效率的判断。

因此，目前采用的评价过鱼效果的方法可根据现场情况适时选取，且需根据目前的进展对监测方法进行调整，以期取得客观的评价结论。

10.2.5 监测设施

1. 监测设施配置

（1）水下视频：作为鱼道主要观测设备，详细统计鱼道过鱼时间、过鱼种类、过鱼数量和过鱼规格。

（2）水声学设备：汛期水体浑浊度较大，影响了水下视频的观测效果。在鱼道附近安装水声学设备辅助观测鱼道过鱼时间和数量。

（3）捕鱼装置：汛期水体浑浊度较大，水下视频无法看清过鱼种类和规格。在鱼道附近安装捕鱼装置，通过采样的方式辅助统计过鱼种类和规格。

（4）水力学监测设备：在鱼道适宜位置安装水力学在线监测系统，实时监测鱼道流量和流速。

（5）温度传感器：在鱼道适宜位置安装温度传感器，实时监测水温。

（6）浑浊度传感器：在鱼道适宜位置安装浑浊度传感器，在线实时监测水体浑浊度。

2. 观测记录

（1）记录频次：每年 2～10 月鱼道运行时段（汛期坝下水位较高，考虑到安全因素建议不进行进口段观测）。

（2）记录时段：观测期间全天候 24h 记录。

（3）记录的格式详见表 10-5。

表 10-5 　　　　　　　　　　　鱼道进口观测原始记录

过鱼时间	种类	规格	流量	流速	水温	浑浊度	坝下水位	鱼道运行情况

运行管理技术要点

运行管理是过鱼设施相关工作的重要组成部分，编制适宜的运行管理规范，对过鱼设施进行规范化管理，可掌握运行状态，检验设计效果，总结运行管理经验，完善运行管理规程。

11.1　关　键　问　题　梳　理

11.1.1　鱼道原设计方案

藏木鱼道主要过鱼对象为异齿裂腹鱼、巨须裂腹鱼和拉萨裂腹鱼，兼顾过鱼对象为尖裸鲤、双须叶须鱼、拉萨裸裂尻鱼、黑斑原鲱、黄斑褶鲱。主要过鱼季节为 3～6 月，兼顾过鱼季节为 2 月、7～10 月。根据主要过鱼对象的生长和繁殖规律，本工程过鱼对象的规格为 142～600mm。鱼道以保护雅鲁藏布江流域水生生态环境、恢复工程河段鱼类物种交流的通道、缓解工程运行对雅鲁藏布江工程河段水生生态的不利影响为总体目标。鱼道工程过鱼规模对鱼道设计不构成制约。

鱼道全长 3683m，鱼道池室形式选用垂直竖缝式，竖缝流速为 1.1m/s，池室长度 3.00m，池室宽度 2.40m，竖缝宽度 0.30m，运行水深 1.00m～2.70m，池室深度 3.50m，池间落差 0.062m，鱼道坡度 0.02。鱼道工程共设置 1 号、3 号和 4 号三个进口，底板顶高程分别为 3241.00m、3243.00m 和 3245.60m。共布置了 4 个出口，底板顶高程分别为 3304.00m、3305.00m、3306.00m 和 3307.50m。设置鱼道进口观测室、鱼道出口观测室，在进口、出口及过坝段等建筑物设置闸门和启闭设备，设置补水设施以及防护栏等设施。

11.1.2　工程变更情况

鱼道施工过程中，与鱼道专项设计阶段工程变更如下：

（1）未建鱼道出口观测室。

（2）未建鱼道进口补水设施。

（3）未建鱼道 2 号进口。

（4）尾水下游存在一定程度的淤积，造成下游尾水存在壅高的情况，鱼道进口长期处于非正常运行工况。

11.1.3 鱼道运行管理技术要点分析

根据国内外鱼道的运行管理情况，结合鱼道自身特点，梳理鱼道管理的关键问题，总结鱼道运行管理要点，针对藏木鱼道运行管理内容、机构设置、运行前准备、进口运行管理、观测室运行管理、过坝段运行管理、出口运行管理、设备运行维护、科普展示等关键问题提出优化改进建议，制定鱼道运行管理规程。

11.2 运行管理内容及机构设置

11.2.1 运行时段

根据主要过鱼对象及兼顾过鱼对象的繁殖习性，本鱼道的主要过鱼季节为 3～6 月，兼顾过鱼季节为 2 月、7～10 月，其中 2～6 月鱼道进口水位主要受机组各发电工况下尾水位影响。鱼道运行时段拟定为：

（1）2～6 月，全时段运行。

（2）7～10 月，当电站机组发电且不泄洪的工况下，鱼道保持运行；当电站在泄洪工况下，鱼道停止运行。

（3）11 月至次年 1 月，鱼道停止运行，进行鱼道清污、维护、保养及检修，在过鱼季节来临前进行全面整修，保证过鱼设施功能的正常发挥。

（4）鱼道主要过鱼时段应保障正常运行，在兼顾过鱼时段如遇冰冻等特殊天气可停运。

（5）在设施和设备投入正式运行前，必须对鱼道及配套设备进行试验，以便及时发现在实际使用中可能出现的问题，并提出解决和改进方案，提高工程正式运行的工作效率。

11.2.2 运行管理内容

鱼道运行管理的水平，直接关系到过鱼效果。鱼道运行管理的目的是维护鱼道正常运行、掌握运行状态，检验设计效果，总结经验教训。为达到以上目的，鱼道的运行管理内容包括：

（1）鱼道运行管理维护。鱼道运行管理维护包括的内容：①试运行期调试；②鱼道正常运行操作；③鱼道保养维修；④科普展示。

（2）鱼道过鱼效果观测评估。鱼道过鱼效果观测评估包括的内容：①鱼道常规监测；②鱼道过鱼效果监测评估。

（3）鱼道科学研究及后期优化改进。鱼道科学研究及后期优化包括的内容：①鱼道科学研究；②鱼道后期优化改进。

鱼道运行管理内容详见表 11-1。

表 11-1 　　　　　　　　　　鱼 道 运 行 管 理 内 容

编号	运行管理项目	运行管理内容	具体任务	实施时段	备注
1	鱼道运行管理维护	试运行期调试	（1）鱼道进口、出口、过坝段闸门和启闭设备试运行阶段调试； （2）鱼道观测室及旁通集鱼池试运行阶段调试； （3）鱼道观测设备试运行阶段调试	建议鱼道建成后前4年为试运行期	
2		鱼道正常运行操作	鱼道出口、进口、补水系统、观测室及预留旁通池操作管理	鱼道运行期	
3		鱼道保养维修	过鱼期和非过鱼期对鱼道的维修保养	鱼道运行期	
4		科普展示	藏木鱼道过鱼效果及成果展示	鱼道运行期	
5	鱼道过鱼效果监测	鱼道常规监测	（1）水力参数监测； （2）机械运行参数监测； （3）鱼道阻塞监测	鱼道运行期	
6		鱼道过鱼效果监测评估	（1）过鱼对象信息监测统计； （2）鱼道过鱼效率监测评估	鱼道运行期	
7	鱼道科学研究及后期优化改进	鱼道科学研究	（1）工程上、下游的鱼类资源量及变动监测； （2）研究水流、光线、声音、温度、盐度等各种环境因素对鱼道过鱼的影响； （3）监测大坝建成后坝下鱼类分布规律； （4）不同鱼道进口的进鱼情况（数量、种类）研究； （5）成功上溯鱼类库区行为研究	鱼道运行期	
8		鱼道后期优化改进	根据运行监测效果改进	鱼道验收后	

11.2.3　运行管理机构及人员配置

为保证鱼道的正常运行，建设单位应成立专门的鱼道运行管理机构，制定鱼道相关运行操作规程、规范管理和运行维护鱼道、组织开展后期过鱼效果监测以及开展相关的科研工作等，并负责落实相应费用，接受渔业部门和环保部门监督管理。

电站建成后需在电站管理机构中设置专门的鱼道运行管理部门，配置专职和兼职人员，负责日常运行和管理，包括设备保养、观测统计、相关资料的研究发布和科普展示等。其主要职责包括：

（1）制定鱼道运行方式和操作规程，结合工程水库运行方式和上下游电站调度关系，开展鱼道和水库生态调度研究。

（2）负责鱼道正常运行和管理，做好日常观测和过鱼资料的统计和信息处理，根据过鱼效果监测与评估，每年应编制《鱼道工程过鱼效果监测与评估报告》。

（3）协调处理鱼道运行与工程枢纽的关系，确保过鱼季节的鱼道正常有效运行。

（4）做好鱼道运行与鱼类特性的研究，做好科普宣传工作，提高水生生态保护意识。

（5）负责组织开展鱼道与过鱼对象的科研工作，针对鱼道运行中存在的问题，组织实施对鱼道进行优化调整和改进。

鱼道工程规划人员编制定额为 5 人，其中负责人 1 人，负责全面管理并对鱼道过鱼全过程负责；专业技术工人 4 人，主要从事鱼道过鱼效果的跟踪监测、统计过鱼数量、负责鱼道的运行、维护和管理等。

由于过鱼时段 3～6 月鱼道运行、管理和维护工作量较大，而非过鱼时段相对工作量较少，因此一般专业技术人员可根据实际情况酌情聘用临时兼职工人。

人员编制情况详见表 11-2。

表 11-2 　　　　　　　　　　　　　人 员 编 制 情 况

人员	专职	兼职	合计
负责人	1		1
专业技术工人	4		4
生产工人		2	2
合计	5	2	7

鱼道运行涉及多门学科，单凭自身工作人员开展的研究工作还不能完全解决鱼道运行中遇到的技术问题，针对鱼道运行和科研中存在的问题，藏木水电站鱼道管理机构可委托相关研究机构或高校协助完成，并与其建立长期的科研、顾问协作关系，通过协作、交流以提高整个管理机构的技术水平和人员素质。

11.3 运 行 前 准 备

（1）检修清淤。过鱼设施在使用前，应提前进行全面清污、维护、保养及检修。11 月～次年 2 月，鱼道不运行。进行鱼道清污、维护、保养及检修，应注意清理尾水渠段、暗涵段等部位淤积的泥沙和漂浮物，确保鱼道在过鱼季节能够良好运行。

由于汛期通过鱼道出口引入的天然河水含沙量较大，1 号集鱼池及调节池均设有吹扫沉积泥沙的压缩空气管路，可通过移动式空压机对池内淤积的泥沙进行清理。

（2）设备调试。鱼道运行前 4 年为试运行阶段。试运行阶段需检验鱼道设备是否安装完毕并完成设备调试等工作内容，保证各项设施的保持正常的运行状态。

电站鱼道试运行阶段设备调试包括：

1） 鱼道进口、出口、过坝段闸门和启闭设备试运行阶段调试。

2） 鱼道观测室及旁通集鱼池试运行阶段调试。

3） 鱼道观测设备试运行阶段调试。

11.4 进口运行管理

11.4.1 闸门启闭

（1）鱼道进口闸门和启闭设备。鱼道进口的金属结构包括 3 个进口，其中 1 号进口为低水位进口，设置 3 个通道；3 号、4 号进口各设置 1 个进鱼通道，其中 1 号进口上游另设一扇 1 号进口节制闸；所有工作闸门挡水高度均按鱼道运行时最高尾水位 3248.50m 设计，闸顶平台高程为 3250.00m。

1 号鱼道进口设置在大坝右侧排砂廊道导墙处，共 3 孔通道，其主要作用为低水位鱼道进口，非过鱼期挡下游水位进行检修鱼道。孔口尺寸为 0.7m×9m－7.5m（宽×高－水头，下同），底坎高程 3241.00m，采用平面定轮闸门，闸门双向止水，侧止水采用橡塑水封。闸门动水启闭，采用两台 50kN 固定式电动葫芦和一台 50kN 移动式电动葫芦分别对三个工作闸门进行操作。

1 号鱼道进口节制闸其主要作用是：控制 1 号进口的开闭。当 3 号进口或 4 号进口开启过鱼时，关闭 1 号进口节制闸；3 号进口和 4 号进口关闭时，开启 1 号进口节制闸。孔口尺寸为 1.8m×6m－5.5m，底坎高程 3243.00m，采用平面定轮闸门，闸门动水启闭，下游止水，采用 125kN 液压启闭机操作。

3 号鱼道进口仅设置 1 孔通道，其主要作用为鱼道备用进口，平常处于挡水状态（鱼道内水位高于尾水）。孔口尺寸为 0.7m×6m－5.5m，底坎高程 3243.00m，采用平面定轮闸门，侧止水采用橡塑水封。闸门动水启闭，采用 125kN 液压启闭机操作。

4 号鱼道进口仅设置 1 孔通道，其主要作用为鱼道备用进口，平常处于挡水状态（鱼道内水位高于尾水）。孔口尺寸为 0.7m×3.4m－2.9m，底坎高程 3245.60m，采用平面定轮闸门，侧止水采用橡塑水封。闸门动水启闭，采用 125kN 液压启闭机操作。

（2）进口运行要求。根据 2016 年 4 月至 2018 年 12 月藏木尾水监测数据，尾水实际水位变幅为 3248.22～3259.54m，最低实际监测水位超过各进口最高运行水位，按照原鱼道进口闸门运行方式，当尾水位超过 3248.5m 时，鱼道进口闸门均应敞开，避免高水位对鱼道进口闸门造成损坏，因此，目前鱼道三个进口均无法按原运行方式正常启用。

为满足在尾水壅高条件下鱼道进口启用，需对鱼道进口闸门运行方式进行调整，优化调整鱼道进口运行水位范围见表 11－3。

表 11－3 各进口运行水位范围表（优化调整）

进口水位范围/m	1 号进口	3 号进口	4 号进口
3250.00 之上	开启		
3250.00～3248.22	关闭	关闭/开启	开启/关闭
3248.22 以下			

1）根据鱼道过鱼效果监测，在尾水位壅高的前提下，诱鱼效果较好的鱼道进口为 3
号进口和 4 号进口，其中，4 号进口进鱼最多。因此，藏木下游清淤前，不启用 1 号进口
（低水位运行进口），仅启用 3 号进口和 4 号进口。

2）1 号进口在尾水位为 3250.00 以下关闭。

3）尾水位在 3250.00 以下时，优先启用 4 号进口，当 4 号进口诱鱼效果不佳时，关闭
4 号进口，开启 3 号进口。

4）尾水位在 3250.00 以下且 4 号进口诱鱼效果不佳时，启用 3 号进口，3 号进口启用
时，关闭 4 号进口。

5）尾水位为 3250.00m 以上时，开启 1 号进口、3 号进口和 4 号进口。

根据 2016 年 4 月至 2018 年 12 月尾水位实测情况分析，鱼道进口闸门运行方式见
表 11-4。

表 11-4　　　　　　　　鱼道进口闸门运行方式（2016 年 4 月～
2018 年 12 月尾水位实测分析）

时间	1 号进口	3 号进口	4 号进口	备注
12 月至次年 5 月	关闭	关闭/开启	开启/关闭	4 号进口优先启用，当 4 号进口诱鱼效果不佳时，启用 3 号进口，关闭 4 号进口
6～11 月	关闭	关闭/开启	开启/关闭	

注：尾水位为 3250.00m 以上时，各进口全部开启。

目前，已有部分清淤工作纳入业主招标计划中，后期将根据下游尾水水位与 JC 水电
站衔接回水情况，以及清淤实施情况，综合确定鱼道进口最终运行水位，复核并调整鱼道
进口闸门运行启闭规程及优化鱼道进口。计划下游清淤后，JC 水电站蓄水前半年完成闸门
启闭规程及进口优化工作。

11.4.2　补水系统

电站鱼道流量较小，为 0.27～0.74m³/s，为达到更好的诱鱼效果，需对鱼进口道进行补
水。鱼道施工阶段补水系统未建。

11.5　观测室运行管理

（1）鱼道进口观测室。鱼道进口观测研究室包括观测计数室内设备、鱼道段池室内设
备以及科研设备。鱼道观测设备定期调试及维护，根据现场观测和科研需求，适时更新采
购观测仪器和设备。

鱼道进口观测研究室承担统计进鱼数量、观察研究和参观游览的功能，进口鱼道观测
研究室旁预留旁通池塘，具有休息、集鱼和标记功能。观测室旁设计的旁通池室既可以作
为鱼道休息池，也可以作为后续捕捞过坝的集鱼池，或者是鱼类标记观测区。

旁通池室设置于鱼道观测窗下游处，设置 2 道格栅，旁通池室入口处和鱼道入口处各

设置一道格栅，当不需要集鱼/休息/标记时，关闭旁通池室格栅，开启鱼道格栅，则鱼道正常运行；当需要集鱼/休息/标记时，开启旁通池室格栅，关闭鱼道格栅，鱼和水流进入旁通池塘。

（2）鱼道出口观测室。藏木鱼道工程施工阶段未建鱼道出口观测室，目前，鱼道出口观测室补建已纳入业主招标计划中。

11.6 过坝段运行管理

（1）过坝段闸门和启闭设备。为了防止洪水期间及其他紧急情况下破坏鱼道，在鱼道过坝段设置事故闸门。底坎高程为 3302.00m，孔口尺寸为 2.4m×3.5m−8m，闸门挡水位按校核洪水位 3310.61m 考虑，闸门操作水位为正常蓄水位 3310.00m 及以下。采用平面定轮闸门，上游止水。闸门动水启闭，利用自重和加重闭门，采用 160kN 固定式电动葫芦操作。固定式电动葫芦设置于 3321.00m 高程排架上。闸门平时锁定在闸顶操作平台上。

（2）过坝段运行要求。鱼道在 19 号坝段设置了事故检修闸门，以满足鱼道事故检修的需要。为了防止破坏鱼道，在洪水期间及其他紧急情况下关闭鱼道过坝段闸门。鱼道正常运行时，事故检修闸门处于开启状态，闸门平时锁定在闸顶操作平台上。

1）鱼道开启时：应先开启事故检修闸门，再打开出口闸门。

2）鱼道关闭时：应先关闭出口闸门，待库区段鱼道内水流排尽后，再关闭事故检修闸门。

3）鱼道正常检修时：应关闭各出口闸门挡水，非事故检修工况，不得利用事故检修闸门挡水。

4）为保证鱼道安全，大坝泄洪时应关闭 19 号坝段内鱼道事故闸门，不得使用鱼道泄洪。

11.7 出 口 运 行 管 理

11.7.1 电站正常运行期调度

电站从 2014 年 11 月 20 日开始进入正常运行期。

水库具有日调节性能，开发任务为发电，兼顾下游生态环境用水要求。电站发电设计保证率为 95%。

（1）丰水期运行调度。为保持电站的日调节库容，丰水期 6～9 月水库水位维持在汛期运行水位 3305m。电站最大发电引用流量为 1071.3m³/s，入库流量超出发电引用流量的部分从泄水建筑物（6 孔溢流坝表孔）下泄，电站在电力系统中承担基荷及部分峰荷。

（2）平枯水期运行调度。10 月至翌年 5 月电站按照日调节方式调度运行，水库水位在死水位 3305m 和正常蓄水位 3310m 之间变动。

负荷低谷时段采取单台机组带基荷运行的方式下泄生态流量 101m³/s，相应基荷出力 5 万 kW，剩余水量存蓄于库内，电站在系统中承担基荷；

负荷平时段按照来水流量发电；

负荷高峰时段根据系统需要调峰运行，最小发电引用流量为 101m³/s，最大发电引用流量为 1071.3m³/s，电站在系统中承担基荷和一定的调峰任务。

（3）防洪调度。电站为日调节电站，库容较小，对洪水的调节作用非常有限，且其下游无重要的防洪对象，故电站按敞泄方式泄洪。

电站泄水建筑物由表孔溢流坝段和冲砂底孔坝段组成。溢流坝共分为 6 个坝段，紧靠左岸挡水坝布置，6 个坝段共布置 6 个表孔；为满足取水口冲砂的要求，在厂房坝段左右侧分别布置 1 孔冲砂底孔，共 2 孔，采用有压泄水孔形式。

遭遇设计洪水时，开启 6 个表孔泄洪外，还有 3 台机组满发参与泄洪，另外 3 台机组不发电，机组泄流量为最大发电引用流量的一半。

遭遇校核洪水时，开启所有泄水建筑物（6 个表孔和 2 个底孔），电站不发电。

11.7.2　闸门启闭

（1）鱼道出口闸门和启闭设备。为了适应上游库区不同的水位，鱼道共设置了 4 个出口；所有闸门挡水高度均按正常蓄水位 3310.00m 设计，闸顶平台高程为 3312.00m。流量控制范围设置在一个较大区间，闸门运行操作采用全开全闭，通过闸门控制系统根据上游库水位进行自动选择 4 个出口闸门的开启，4 个闸门之间设有一定幅度的衔接水头范围，这样降低闸门操作频率，略微增加鱼道最大过流能力。

1 号鱼道出口底坎高程为 3304.00m，孔口尺寸为 1.5m × 3m − 6m。采用平面定轮闸门，上游止水。闸门利用自重闭门，采用 100kN 固定式电动葫芦操作。固定式电动葫芦设置于 3317.50m 高程排架上。

2 号鱼道出口底坎高程为 3305.00m，孔口尺寸为 1.5m × 3m − 6m。采用平面定轮闸门，上游止水。闸门利用自重闭门，采用 100kN 固定式电动葫芦操作。固定式电动葫芦设置于 3317.50m 高程排架上。

3 号鱼道出口底坎高程为 3306.00m，孔口尺寸为 1.5m × 3m − 6m。采用平面定轮闸门，上游止水。闸门利用自重闭门，采用 100kN 固定式电动葫芦操作。固定式电动葫芦设置于 3317.50m 高程排架上。

4 号鱼道出口底坎高程为 3307.50m，孔口尺寸为 1.5m × 3m − 6m。采用平面定轮闸门，上游止水。闸门利用自重闭门，采用 100kN 固定式电动葫芦操作。固定式电动葫芦设置于 3317.50m 高程排架上。

各出口闸门启闭机控制均为现地与远控相结合的方式，可由中控室配合现场监视系统根据上游库水位进行操作闸门。

（2）出口运行要求。由于上下游水位的变化，需要对鱼道的进水量和运行水位进行控制，以使通道内的流速和流态保持稳定并满足鱼类上溯的要求。在不同水位情况下，通过上游出口闸门的启闭，控制出口的进水量和进水水位，避免出现局部较大的水位跌落或水位壅高，造成鱼类游泳障碍。鱼道上游出口的水位信号通过设置在 2 号及 3 号鱼道出口的水位变送器进行采集，鱼道的进水量可通过设置在过坝段鱼道内的超声波测流装置测量。藏木水电站鱼道出口运行方式选择闸门特征水位调整。

为保证鱼道内水深满足要求，且不溢出鱼道，4 个出口须在不同的水位时开启（关闭），鱼道各出口运行方式见图 6-4。

为保证鱼道安全，大坝泄洪时应关闭 19 号坝段内鱼道事故闸门，不得使用鱼道泄洪。过坝段事故闸门的操作方式为动水启闭，采用 160kN 固定式电动葫芦操作，上游操作水位为 3310.00m 及以下。闸门可挡校核洪水位 3310.61m。

电动葫芦只能在现地操作。过鱼时，4 个出口闸门只能有一个闸门开启，其余 3 个闸门关闭。当需轮换开启闸门时，先关闭已开启的那扇闸门，后开启需打开的某一扇闸门。闸门的操作方式均为动水启闭，全开全关运行，严禁局部开启。闸门采用 100kN 固定式电动葫芦操作，同时实现现地操作与集控室控制。

11.8 设 备 运 行 维 护

11.8.1 设备类型

（1）视频观测系统（观测室使用）：视频观测系统未鱼道观察室主要观测设备。

（2）水下视频设备：水下视频为鱼道过坝段和鱼道内部观测断面（非鱼道观察室监测断面）主要监测设备。

（3）水声学设备（推荐双频识别声呐）：水声学设备主要在汛期水体浑浊度较高的情况下，辅助统计鱼道过鱼时间和过鱼数量。

（4）捕鱼装置：捕鱼装置主要用于汛期鱼道内部渔获物采样，辅助统计鱼道内部过鱼种类和规格。

（5）PIT 设备：PIT 设备主要用于开展鱼道内部鱼类通过性试验。

（6）水力学在线监测设备：水力学在线监测设备主要用于统计过鱼断面的流速和流量。

（7）传感器（深度、水温、溶解氧和浑浊度）：传感器包括深度传感器、水温传感器、溶解氧传感器和浑浊度传感器。主要用于监测鱼道内部监测断面的水深、水温和浑浊度等指标。

11.8.2 设备校准

鱼道大部分建设设备不需要校准，仪器校准主要针对溶解氧传感器和浑浊度传感器。

（1）溶解氧传感器校准。

1）零点校准。用天平称取 2g 亚硫酸钠，用 250mL 量筒量出 98mL 的水，将水倒入烧杯中，加入已称取的亚硫酸钠，用玻璃棒搅拌均匀，溶解后得到 2%亚硫酸钠溶液，将传感器放入溶液中，3～5min 待数值稳定后进行零点校准。

2）斜率校准。将传感器探头放置于空气饱和水中，3～5min 待数值稳定后进行斜率校准。

3）气饱和水的制备。在恒温水浴中加入 2/3 容积的新鲜蒸馏水，将多孔塑料板浮于水面。同时用鼓泡器（空气泵）向水中连续曝气 40min 以上，停止曝气，静止 30min 左右后即得到空气饱和水。将传感器放入水中，待数值稳定后进行斜率校准。

（2）浑浊度传感器校准。

1）零点校准。用大点的烧杯量取适量零浊度液，将传感器垂直放在溶液中，传感器前端离烧杯底部至少 10cm，3～5min 待数值稳定后进行零点校准。

2）斜率校准。将传感器探头放置于标准溶液中，传感器前端离烧杯底部至少 10cm，3～5min 待数值稳定后进行斜率校准。

11.8.3 设备运行管理

1. 水下视频设备运行管理

水下视频运行管理由鱼道专职管理团队负责，主要内容有：

（1）水下视频观测数据的记录。

（2）水下视频观测数据的备份和存档。

（3）水下视频的维护，比如清理观测窗玻璃，检查水下视频电路。

（4）水下视频设备损坏后联系厂家修理或者更换。

2. 水声学设备运行管理

水声学设备运行管理由鱼道专职管理团队负责，主要内容有：

（1）汛期到来之前，根据实际情况安装到鱼道制定监测位点。

（2）水声学观测数据的记录与分析。

（3）水声学数据的保存于存档。

（4）汛期过后，水声学设备的拆除。

（5）水声学设备的日常维护，如有故障，联系厂家进行维修。

3. 在线监测设备运行管理

在线监测设备主要包括水力学在线监测设备和传感器监测设备，由鱼道专职管理团队负责，主要内容有：

（1）记录流速，流量，水温，浑浊度等监测数据。

（2）定期对监测设备进行维护，对探头进行校准。

（3）如有故障，及时联系厂家进行修复。

4. PIT 主机运行管理

PIT 设备是开展鱼道通过性试验的主要设备，由鱼道专职管理团队负责，主要内容有：

（1）试验开展之前，将 PIT 设备（包括天线等附属设备）安装到指点监测位点。

（2）对 PIT 设备的工作状态进行巡查，确保设备各部分（主机，天线，电源等）处于正常工作状态。

（3）对 PIT 主机监测数据进行收集，分析和保存。

（4）对 PIT 设备进行定期维护，例如对电源进行检查，对主机内部采取防潮处理，对主机和天线盒进行防虫处理。

（5）试验结束以后，将 PIT 设备拆除。

11.8.4 设备维护保养

1. 水下视频

观察窗清洗：观察窗和水面直接接触，表面容易滋生藻类，观察窗每 10 天清洗 1 次，保证观察窗的透明度。

摄像头清洗：摄像头相对观察窗没有直接和水体接触，不用频繁清洗，每 3 个月将摄像头拆下检查 1 次，利用清洗液清洗镜头，以保证观测效果。

水下视频电路检查：水下视频在野外使用，不确定性较大，要求每天检查 1 次水下视频电缆情况，确保设备安全运行。

拦鱼网清理：库区中的垃圾会随水流流进鱼道内部，拦鱼网极易堵塞。根据实际情况清理拦鱼网的污物，一般不超过 1 周清洗 1 次，保障监测断面水流通畅，不造成鱼类上溯的水力学屏障。同时检查拦鱼网是否破损，如有破损需要立刻进行修补。

资料备份：每天检查 1 次资料备份，确保视频资料不丢失。

2. 视频观测系统（鱼道观察室）

观察窗清洗：鱼道观察窗接触水体的一侧，极易滋生藻类，需要经常清理，一般每 10 天清洗 1 次，保证观察窗的透明度。

摄像头维护：摄像头放置于鱼道观察室内，如果没有认为触碰，一般不宜损坏。每天上班时间对摄像头进行检查，确保摄像头正常工作，同时确保摄像头观测距离和角度保持在适中位置，保证观测效果。

电路检查：鱼道观察室出于坝下位置，空气较为潮湿，要求每天检查 1 次水下视频供电设备情况，确保设备安全运行。

视频观测系统拦鱼网清理：库区中的垃圾会随水流流进鱼道内部，拦鱼网极易堵塞。根据实际情况清理拦鱼网的污物，一般不超过 1 周清洗 1 次，保障监测断面水流通畅，不造成鱼类上溯的水力学屏障。同时检查拦鱼网是否破损，如有破损需要立刻进行修补。

资料备份：每天检查 1 次资料备份，确保视频资料不丢失。

3. 捕鱼装置

捕鱼装置拦鱼网清理：库区中的垃圾会随水流流进鱼道内部，拦鱼网极易堵塞。根据实际情况清理拦鱼网的污物，一般不超过 1 周清洗 1 次，保障监测断面水流通畅，不造成鱼类上溯的水力学屏障。同时检查拦鱼网是否完好，确保拦鱼网完好，保障集鱼效果。

4. 水力学在线监测设备

传感器的清洗：每 30 天对传感器进行 1 次清洗，确保传感器表面干净，保障设备监测效果。

传感器的检查：利用其他型号的流速仪和流量计对监测断面流速与流量进行复核，如果相差较大，需要对传感器进行校准。

电路检查：传感器部分电线长期暴露在水流冲击下，容易出现电缆破损和漏电等故障风险。每天对传感器电路进行 1 次检查，确保传感器安全运行。

5. 传感器（深度，温度，溶氧，浑浊度）

传感器的清洗：温度，溶氧和浑浊度等传感器的效果极易受到外界环境的影响。每 15 天对传感器进行 1 次清洗，确保传感器表面干净，保障监测效果。

传感器的检查：每隔 15 天利用其他型号的传感器对监测断面流速与流量进行复核，如果相差较大，需要对传感器进行校准。

电路检查：传感器部分电线长期暴露在水流冲击下，容易出现电缆破损和漏电等故障风险，每天对传感器电路进行 1 次检查，确保传感器安全。

6. PIT 设备

PIT 主机的检查：电站附近空气较为潮湿，需要每天检查 PIT 主机 1 次，查看主机内部电路板是否有受潮的迹象，如果有需要关闭主机，用吹风吹干后，再打开主机，并且需要明确受潮的原因，进行补救措施，以免主板短路。

PIT 线圈的检查：PIT 线圈长期浸泡旱水中，每天对 PIT 线圈检查 1 次，检查 PIT 线圈是否完好，如有断裂，需要立刻关闭主机。

电路检查：检查 PIT 供电设备的状态，每天 1 次，如有下雨短路等风险，需要立刻补救。

效果监测：每周用 PIT 标签对 PIT 设备进行测试，主要关注设备的灵敏程度。如果有主机没有反应或者灵敏度不高的现象，需要重新安装调试设备。

11.9 运行期科普展示

为了更好的宣传电站鱼道工作成果，提高公众对鱼类保护意识，在鱼道进口观测研究室设置游客参观陈列室一间。游客参观陈列室陈列标本展示架、宣传板、现场播放过鱼效果录像等组成。向游客和媒体宣传雅鲁藏布江工程河段每种详细说明及保护要领并配图片，另外还有本鱼道历史及取得成绩等。定期对外发布鱼道运行情况，报道情况张贴于宣传栏上。

科学研究及后期优化建议

12.1　运行期科学研究

鱼道在投入正常运行后，为保证鱼道能良好运行、检验鱼道过鱼效果、掌握鱼道过鱼规律和水流规律，应开展鱼道观测试验，进而总结鱼道建设经验，为鱼道进一步优化提供支撑，提高鱼道的过鱼能力，需开展的科研内容包括：

（1）工程上、下游的鱼类资源量及变动监测。

（2）监测大坝建成后坝下鱼类分布规律。

（3）不同鱼道进口的进鱼情况（数量、种类）研究。

（4）过鱼种类、过鱼数量、鱼道过鱼效率研究。

（5）鱼类在鱼道折返、滞留情况研究。

（6）鱼道出口出鱼情况及鱼类游出鱼道出口后的上溯状态研究。

（7）研究过鱼与气候、水文、昼夜、闸门开启方式等有关因素的关系。

（8）在鱼道运行一定时期后对上游鱼类资源进行调研，评估鱼道效益。

12.2　后期优化改进建议

根据目前鱼道试运行阶段的成果和经验，就藏木鱼道试运行期间优化改进提出一下建议：

（1）建议加强已建并投入运行的鱼道工程运行管理的调研工作，吸取经验和教训并应用至藏木运行管理规程中。

（2）建议下游清淤后，加查蓄水前半年完成闸门启闭规程及进口优化工作。

（3）鱼道进口诱鱼补水系统尚未安装完成，建议尽快开展补水系统补建工作。补水系统补建后，编制鱼道补水系统操作规程，鱼道运行过程中通过过鱼效果监测评估补水诱鱼系统的效果，并提出优化和改进建议。

12.3 鱼 道 专 利 情 况

藏木鱼道获得了多项发明专利和实用新型专利，并且仍有多项专利正在申报之中，已获得发明专利和实用新型专利如下：

（1）发明专利。

1）竖缝式鱼道结构（专利号：ZL 2013 1 0125471.0）。

2）鱼道结构及集鱼方法（专利号：ZL 2012 1 0258990.X）。

3）鱼道（专利号：ZL 2012 1 0258757.1）。

4）竖缝式鱼道结构（专利号：ZL 2012 1 0258999.0）。

5）鱼道补水诱鱼系统（专利号：ZL 2015 1 0779320.6）。

（2）实用新型专利。

1）生态鱼道（专利号：ZL 2012 2 0361689.7）。

2）竖缝式鱼道（专利号：ZL 2012 2 0361940.X）。

3）竖缝式鱼道结构（专利号：ZL 2013 2 0180916.0）。

4）潜孔式单一出口鱼道结构（专利号：ZL 2015 2 0908071.1）。

5）鱼道沿程补水诱鱼系统（专利号：ZL 2015 2 0908114.6）。

6）鱼道进口分段式补水系统（专利号：ZL 2012 2 0361673.6）。

7）鱼道进口集中补水系统（专利号：ZL 2015 2 1111383.6）。

8）一种鱼道回旋上升段休息池（专利号：ZL 2016 2 0218373.0）。

9）带休息池的竖缝式鱼道（专利号：ZL 2016 2 0446708.4）。

10）悬臂式鱼道（专利号：ZL 2016 2 1128997.X）。

11）分散式多鱼道进口（专利号：ZL 2016 2 1216441.6）。

参 考 文 献

[1] 庞牧华. 跌差和跌水宽度对跌坎式底流消能工影响的研究 [J]. 山西建筑, 2016, 42 (32): 122-126.

[2] 官民, 申剑. 北盘江流域梯级水电开发对鱼类资源的影响分析 [J]. 贵州水力发电, 2010, 24 (5): 5-7.

[3] 贾敬德. 长江水资源开发的冷思考 [J]. 淡水渔业, 2005, 35 (5): 62-64.

[4] 叶茂, 吕海艳, 王川, 等. 竖缝式鱼道三维数值模拟 [C]. 第六届全国水力学与水利信息学大会论文集. 北京: 中国水利学会, 中国水力发电工程学会, 国际水利与环境工程学会中国分会. 2013: 252-256.

[5] Katopodis C, Williams J G.The development of fish passage research in a historical context [EB/OL]. (2011-08-09) [2011-12-20]. http://dx.doi.org/10.1016/j.ecoleng. 2011.07.004.

[6] Larinier M, Travade F.Downsteam migration: problems and facilities [J]. Bull Fr Peche Piscic, 2002, 364 (suppl): 181-207.

[7] Reyes-Gavilin F G, Garrido R, Nicieza AG, et al.Fish community variation along physical gradient in short streams in Spain and the disruptive effect of dams [J]. Hydrobiologia, 1996, 321: 155-163.

[8] Roscoe DW, Hinch S D.Effectiveness monitoring of fish passage facilities: historical trends, geographic patterns and future directions [J]. Fish and Fisheries, 2010, 11: 12-33.

[9] 周世春.美国哥伦比亚河流域下游鱼类保护工程、拆坝之争及思考 [J]. 水电站设计, 2007, 23 (3): 21-26.

[10] Mallen-Cooper M, Brand D A.Non-salmonids in a salmonid fishway: what do 50 years of data tell us about past and future fish passage [J]. Fisheries Management and Ecology, 2007, 14: 319-332.

[11] Gary E.JOHNSON, William S.RAINEY.上溯型鱼道生态设计在中国澎溪河汉丰坝的应用 [J]. 重庆师范大学学报 (自然科学版), 2012, 29 (3): 16-23.

[12] Muir W, Smith S, Williams J, et al.Survival of juvenile salmonids passing through bypass systems, turbines, and spillways with and without flow deflectors at Snake River dams[J]. North American Journal of Fisheries Management, 2001, 21: 135-146.

[13] 郭坚, 芮建良. 以杨塘水闸鱼道为例浅议我国鱼道的有关问题[J]. 环保与移民. 2010, 36(4): 8-19.

[14] 白音包力皋, 郭军, 吴一红. 国外典型过鱼设施建设及其运行情况 [J]. 中国水利水电科学研究院学报, 2011, 9 (2): 116-120.

[15] D.G.Sanagiotto, J.Z.Coletti, G.Marquesm.Velocity and hydraulic turbulence on a vertical fishway [C]. Hydropower 2006 International Conference, 2006: 1056-1064.

[16] 高东红, 刘亚坤, 高梦露, 等. 三维鱼道水力特性及鱼体行进能力数值模拟研究 [J]. 水利与建筑工程学报, 2015, 13 (2): 103-109.

[17] 徐体兵, 孙双科. 竖缝式鱼道水流结构的数值模拟 [J]. 水利学报, 2009, 40 (11): 1386-1391.

[18] 程玉辉, 薛兴祖. 吉林省老龙口水利枢纽工程鱼道设计 [A]. 吉林水利, 2010, 6 (1): 1-4.

［19］ 石小涛，陈求稳，黄应平，等. 鱼类通过鱼道内水流速度障碍能力的评估方法［J］. 生态学报，2011，31（22）：6967－6972.

［20］ Regnard P.In a device for measuring the speed of translation of a fish moving in water ［J］. Cr Soc.Biol.Paris Ser，1893，9（5）：81－83.

［21］ Hammer C. Fatigue and exercise tests with fish ［J］. Comparative Biochemistry and Physiology, 1995, 112(1): 1～20.

［22］ Hotchkiss R H, Flanagan P J. Numerical simulation of a swimming fish ［C］. Peeking over the tech horizon, 2005.

［23］ Lyon J P，Ryan T J，Scroggie M P.Effects of temperature on the fast-start swimming performance of an Australian freshwater fish ［J］. Ecology of Freshwater Fish，2008，17（1）：184－188.

［24］ Kieffer J D.Limits to exhaustive exercise in fish ［J］. Comparative Biochemistry and Physiology，Part a，2000，126（2）：161－179.

［25］ Tu Z，Huang Y，Li L，et al.Aerobic swimming performance of juvenile largemouth bronze gudgeon（coreius guichenoti）in the Yangtze river ［J］. Journal of Experimental Zoology Part a，2012，317（5）：294－302.

［26］ Tu Z，Huang Y，Yuan X，et al.Aerobic swimming performance of juvenile schizothorax chongi（pisces，cyprinidae）in the Yalong river，southwestern China ［J］. Hydrobiologia，2011，675（1）：119－127.

［27］ Newland P L，Chapman C J，Neil D M.Swimming performance and endurance of the norway lobster nephrops norvegicus ［J］. Marine Biology，1988，98（3）：345－350.

［28］ Davison W.Training and its effects on teleost fish ［J］. Comparative Biochemistry and Physiology Part a：Physiology，1989，94（1）：1－10.

［29］ Jones D R.Anaerobic exercise in teleost fish［J］. Canadian Journal of Zoology，1982，60（5）：1131－1134.

［30］ Jones D R.The effect of hypoxia and anaemia on the swimming performance of rainbow trout（salmo gairdneri）［J］. Journal of Experimental Biology，1971，55（2）：541－551.

［31］ 王萍，桂福坤，吴常文. 鱼类游泳速度分类方法的探讨［J］.中国水产科学，2010，17（5）：1137－1146.

［32］ Beamish F. Swimming capacity. Fish physiology. ［M］. Academic Press, New York. 1978.

［33］ 于晓明，张秀梅.鱼类游泳能力测定方法的研究进展 ［J］. 南方水产科学，2011，7（4）：76－84.

［34］ Fisher R，Wilson S K.Maximum sustainable swimming speeds of late－stage larvae of nine species of reef fishes ［J］. Journal of Experimental Marine Biology and Ecology，2004，312（1）：171－186.

［35］ Day N，Butler P J.The effects of acclimation to reversed seasonal temperatures on the swimming performance of adult brown trout salmo trutta ［J］. Journal of Experimental Biology，2005，208（14）：2683－2692.

［36］ Brett J R.The respiratory metabolism and swimming performance of young sockeye salmon ［J］. Journal of the Fisheries Board of Canada，1964，21（5）：1183－1226.

［37］ Peterson R H，Harmon P.Swimming ability of pre－feeding striped bass larvae ［J］. Aquaculture International，2001，9（5）：361－366.

［38］ Lee C G，Farrell A P，Lotto A，et al.The effect of temperature on swimming performance and oxygen

consumption in adult sockeye（oncorhynchus nerka）and coho（oncorhynchus kisutch）salmon stocks
[J]. Journal of Experimental Biology, 2006, 209（13）: 2606.

[39] Schurmann H, Steffensen J F.Effects of temperature, hypoxia and activity on the metabolism of juvenile
Atlantic cod [J]. Journal of Fish Biology, 1997, 50（6）: 1166－1180.

[40] He X, Lu S, Liao M, et al.Effects of age and size on critical swimming speed of juvenile Chinese sturgeon
acipenser sinensis at seasonal temperatures [J]. Journal of Fish Biology, 2013, 82（3）: 1047－1056.

[41] Sabate F D, Nakagawa Y, Nasu T, et al.Critical swimming speed and maximum sustainable swimming
speed of juvenile pacific bluefin tuna, thunnus orientalis [J]. Aquaculture International, 2013, 21（1）:
177－181.

[42] Britz P J, Hecht T, Mangold S.Effect of temperature on growth, feed consumption and nutritional indices
of haliotis midae fed a formulated diet [J]. Aquaculture, 1997, 152（1）: 191－203.

[43] Peck M A, Buckley L J, Bengtson D A.Effects of temperature and body size on the swimming speed of
larval and juvenile Atlantic cod（gadus morhua）: implications for individual－based modelling
[J]. Environmental Biology of Fishes, 2006, 75（4）: 419－429.

[44] Allan E L, Froneman P W, Hodgson A N.Effects of temperature and salinity on the standard metabolic
rate（smr）of the caridean shrimp palaemon peringueyi [J]. Journal of Experimental Marine Biology and
Ecology, 2006, 337（1）: 103－108.

[45] Fu S J, Cao Z D, Peng J L.Effect of meal size on postprandial metabolic response in Chinese catfish
（silurus asotus linnaeus）[J]. Journal of Comparative Physiology B－Biochemical Systemic and
Environmental Physiology, 2006, 176（5）: 489－495.

[46] Randall D, Brauner C.Effects of environmental factors on exercise in fish [J]. Journal of Experimental
Biology, 1991, 160（1）: 113－126.

[47] Joaquim N, Wagner G N, Gamperl A K.Cardiac function and critical swimming speed of the winter
flounder（pleuronectes americanus）at two temperatures [J]. Comparative Biochemistry and Physiology
Part a: Molecular & Integrative Physiology, 2004, 138（3）: 277－285.

[48] Deboeck G, Vander Ven K, Hattink J, et al.Swimming performance and energy metabolism of rainbow
trout, common carp and gibel carp respond differently to sublethal copper exposure [J]. Aquatic
Toxicology, 2006, 80（1）: 92－100.

[49] Arnason T, Magnadottir B, Bjornsson B, et al.Effects of salinity and temperature on growth, plasma ions,
cortisol and immune parameters of juvenile Atlantic cod（gadus morhua）[J]. Aquaculture, 2013, 380:
70－79.

[50] Farrell A P.Environment, antecedents and climate change: lessons from the study of temperature
physiology and river migration of salmonids [J]. Journal of Experimental Biology, 2009, 212（23）:
3771－3780.

[51] Chabot D, Claireaux G.Environmental hypoxia as a metabolic constraint on fish: the case of Atlantic cod,
gadus morhua [J]. Marine Pollution Bulletin, 2008, 57（6－12）: 287－294.

[52] Cai L, Huang Y, Liu G, et al.Effect of temperature on swimming performance of juvenile schizothorax

prenanti［J］. Fish Physiology and Biochemistry，2014，40（2）：491－498.

［53］ Zeng L Q，Cao Z D，Fu S J，et al.Effect of temperature on swimming performance in juvenile southern catfish（silurus meridionalis）［J］. Comparative Biochemistry and Physiology a－Molecular & Integrative Physiology，2009，153（2）：125－130.

［54］ Plaut I.Critical swimming speed：its ecological relevance［J］. Comparative Biochemistry and Physiology Part a： Molecular & Integrative Physiology，2001，131（1）：41－50.

［55］ 石小涛，陈求稳，刘德富，等. 胭脂鱼幼鱼的临界游泳速度［J］. 水生生物学报，2012，36（1）：133－136.

［56］ 袁喜，黄应平，涂志英，等. 流速对鲫游泳行为和能量消耗影响的研究［J］. 水生态学杂志，2011，32（4）：103－109.

［57］ 蔡露，黄应平，涂志英，等. 鳙幼鱼游泳能力和游泳行为的研究与评价［J］. 长江流域资源与环境，2012，21（Z2）：89－95.

［58］ Fu S J，Brauner C J，Cao Z D，et al.The effect of acclimation to hypoxia and sustained exercise on subsequent hypoxia tolerance and swimming performance in goldfish（carassius auratus）［J］. Journal of Experimental Biology，2011，214（12）：2080－2088.

［59］ 南京水利科学研究院，广西长洲水利枢纽鱼道水工水力学试验研究综合报告［R］. 南京：2005.

［60］ 董志勇，冯玉平，Alan Ervine. 同侧竖缝式鱼道水力特性及放鱼试验研究［J］. 水力发电学报，2008，27（6）：121－125.

［61］ 戚印鑫，孙娟，张明义，等. 鱼道流量系数的试验研究［J］. 中国农村水利水电，2010，（1）：73－75.

［62］ 曹庆磊，杨文俊，陈辉. 异侧竖缝式鱼道水力特性试验研究［J］. 河海大学学报（自然科学版），2010，38（6）：698－703.

［63］ Barton A F, Keller R J. 3D free surface model for a vertical slot fishway［C］. Inland Waters： Research, Engineering and Management. vol.Ⅱ. AUTH, Thessaloniki, Greece. August 2003：409－416.

［64］ 罗小凤，竖缝式鱼道结构及水力特性研究［J］. 长江科学院院报，2010，27（10）：50－54.

［65］ 曹庆磊，杨文俊，陈辉. 同侧竖缝式鱼道水力特性的数值模拟［J］. 长江科学院院报，2010，27（7）：26－30.

［66］ Food and Agriculture Organization of the United Nations.Fish passes－Design，dimensions and monitoring（English Version）［R］. The United States： Food and Agriculture Organization of the United Nations，2002.

［67］ Dipl.－Biol.etc. 鱼道：设计、尺寸及监测［M］. 李志华，等译. 北京：中国农业出版社，2009.

［68］ 白音包力皋，王玎，陈兴茹，等. 鱼道水力学关键问题及设计要点［C］. 西安：水力学与水利信息学进展.2009：209－211.

［69］ Nallamuthu Rajaratnam，Gary Van der Vinne，Christos Katopodis.Hydraulicsof vertical slot fishways［J］. Journal of Hydraulic Engineering，1986，112（10）：909－927.

［70］ N.Rajaratnam，C.Katopodis，S.Solanki.New designs for vertical slot fishways［J］. Journal of Hydraulic Engineering，1992，118（3）：402－414.

［71］ S.Wu，N.Rajaratnam，C.Katopodis.Structure of flow in vertical slot fishways［J］. Journal of Hydraulic

Engineering，1999，125（4）：351-360.

[72] Puertas J，Pena A，David L.Experimental approach to the hydraulics of vertical slot fishways [J]. Hydraulic Engineering，2004，130（1）：10-23.

[73] L Pena，L.Cea，Puertas，T.Teijeiro An experimental study of velocity fields and flow patterns in aligned deep slot fishways [J]. River Flow，2004，（2），1359-1364.

[74] Liu Minnan，N. Rajaratnam，Z.David，M.Zhu.Mean flow and turbulence structure in vertical slot fishways [J]. Journal of Hydraulic Engineering，2006，132（8）：765-777.

[75] 孙双科，邓明玉，李英勇. 北京市上庄新闸竖缝式鱼道的水力设计研究 [C] // 中国水力发电工程学会，中国水利学会，中国大坝委员会. 水电 2006 国际讨论会. 昆明：2006，951-957.

[76] Tarrade L，Texier A，David L，et al. Topologies and measurements of turbulent flow in vertical slot fishways [J]. Hydrobiologia, 2008, 609 (1):177-188.

[77] Wang RW，D.Calluaud，G Pineau，et al. Study of unsteady flow in a vertical slot fish pass[C]. 33rd IAHR Congress 2009. Volume 8 of 8.: Research, 2009: 6898-6904.

[78] IAHR Biennial Congress：Water Engineering for a Sustainable Environment，Vancouver，Canada，2009.

[79] 陆芳春，陆国鑫. 感潮河口鱼道水力特性实验研究 [J]. 中国农村水利水电，2010，（2）：117-120.

[80] Wang R W，L. David，M. Larinier. Contribution of experimental fluid mechanics to the design of vertical slot fish passes [J]. Knowledge and Management of Aquatic Ecosystems, 2010 (396):02.

[81] 刘志雄，刘东，周赤. 异侧竖缝式鱼道水力特性研究 [J]. 人民长江，2011，42（15）：66-68.

[82] 吕海艳，徐威，叶茂. 鱼道水力学实验研究 [J]. 水电站设计，2011，27（4）：102-109.

[83] 郭维东，孙磊，高宇，等. 同侧竖缝式鱼道水力特性研究 [J]. 水电能源科学，2012，30（3）：81-83.

[84] 陈凯麒，常仲农. 我国鱼道的建设现状与展望 [J]. 水利学报，2012，43（2）：182-185.

[85] LaneN，AdamVannA.The Columbia Rive rBasin's fishpas-sagecenter [R]. Reportfor Congress of US.Order Code RS22414，2007.

[86] SvendsenJC，KoedA.Factors influencing the spawning migration of female anadromou s brown trout [J]. Journal of Fish Biology，2004，64：528-540.

[87] ZitekA，SchmutzS.Efficiency of restoration measures in afragmented Danube/tributary network. Proceedings of the fifth international conference on ecohydraulics-aquatichabi-tats : analysis andrestoration（12.-17.09.04），Madrid，2004.

[88] VeselyD.Monitoring of fishmigrationbehaviorinlargeartificiallakes [A]. In：Fromseatosource: Guidance for the restoration of fish migration in European Rivers [C]. The Netherlands：Plantijn Casparie，2006.

[89] Noonan MJ，Grant JWA，Jackson CD.A quantitative assessment of fish passage efficiency [J]. Fish and Fisheries，2012，13：450-464.

[90] Investigation Team Chaohu Fisheries Resources in Chaohu Area of Anhui Province.Research on effect of the Yu Xi Zha fishway and fishery benefit [J]. Freshwater Fisheries，1975（7）：19-23.

[91] Xu W-Z，Li S-W.Effect observation of the Yangtang fishway [J]. Hunan Fisheries Science and Technology，1982（1）：21-27.

[92] Tan X-C，Tao J-P，Huang D-M，et al.A preliminary assessment of fish migration through the

Changzhou Fishway〔J〕. Journal of Hydroecology，2013，34（4）：58－62.

〔93〕 Li J，Li X－H，Pan F，et al.Preliminary study on the operating effect of Xiniu Fishway in Lianjiang River 〔J〕. Journal of Hydroecology，2013，34（4）：53－57.

〔94〕 BarrettJ，MartinM.The Murray River's` Seato Hume Dam' fish passage program：Progress to date and lessons learned〔J〕. Ecological Management and Restoration，2007，7（3）：173－183.

〔95〕 Steig T W.The use of acoustic tags to monitor the movement of juvenile salmonids approaching a dam on the Columbia River〔C〕. Proceeding of the 15th International Symposium on Biotelemetry，Juncau，Alaska，1999；9－14.

〔96〕 危起伟，杨德国，柯福恩. 长江中华鲟超声波遥测技术〔J〕. 水产学报，1998，30（3）：211－217.

〔97〕 张春光，赵亚辉. 长江胭脂鱼的洄游问题及水利工程对其资源的影响〔J〕. 动物学报.2001，47（5）：518－521.

〔98〕 刘湘春，彭金涛. 水利水电建设项目对河流生态的影响及保护修复对策〔J〕. 水电站建设.2011，27（1）：58－61.

〔99〕 Hunter Larry A，Mayor Lesley.Analysis of Fish Swimming Performance Data〔R〕. Unpublished Report Vol I.1986.

〔100〕 Jones D R，Kiceniuk J W，Bamford O S.Evaluation of the swimming performance of several fish species from the MacKenzie River〔J〕. Journal of the Fisheries Research Board of Canada，1974，31：1641－1647.